电工电子技术

李 珺 主编

吉林科学技术出版社

图书在版编目（CIP）数据

电工电子技术 / 李珺主编 . -- 长春 : 吉林科学技
术出版社，2021.12（2023.4重印）
ISBN 978-7-5578-8952-4

Ⅰ．①电… Ⅱ．①李… Ⅲ．①电工技术②电子技术
Ⅳ．① TM ② TN

中国版本图书馆 CIP 数据核字（2021）第 221860 号

电工电子技术
DIANGONG DIANZI JISHU

主　　编	李　珺
出 版 人	宛　霞
责任编辑	王维义
封面设计	李　宝
制　　版	宝莲洪图
幅面尺寸	185mm×260mm
开　　本	16
字　　数	390 千字
印　　张	17.375
版　　次	2021 年 12 月第 1 版
印　　次	2023 年 4 月第 2 次印刷
出　　版	吉林科学技术出版社
发　　行	吉林科学技术出版社
地　　址	长春净月高新区福祉大路 5788 号出版大厦 A 座
邮　　编	130118

发行部电话／传真　0431—81629529　　81629530　　81629531
　　　　　　　　　　81629532　　81629533　　81629534

储运部电话　0431—86059116

编辑部电话　0431—81629520

印　　刷	北京宝莲鸿图科技有限公司
书　　号	ISBN 978-7-5578-8952-4
定　　价	70.00 元

前　言

  本教材本着让学生掌握的理论知识够用，面向应用、面向发展的原则，以培养学生在实践工作中观察问题和独立分析、解决问题的综合能力为目的，根据高等院校培养应用型人才的基本要求，注意拓宽学生的知识面，尽量减少数学推导，降低理论深度，以便于教师讲授和学生自学。

  全书分为四部分，第一部分为电工技术，第二部分为模拟电子技术，第三部分为数字电子技术，第四部分为实验部分。电工技术部分（第1章~第5章）是本教材的理论基础，着重对电路的基本概念和解题方法作了较深入的分析；模拟电子技术部分（第6章~第9章）着重对放大电路、集成电路进行了原理分析和逻辑分析，重点放在器件的外在特性和应用上；数字电子技术部分（第10章~第12章）着重对组合逻辑电路和时序逻辑电路进行系统分析；实验部分（第13章）则分析了测量误差的产生，并介绍了消除误差的方法，重点设计了几种常见的电工电子学实验。每章都有"本章小结"，并配有精选习题，供学生练习用。

  由于编者水平有限，编写时间仓促，书中不妥之处在所难免，恳切希望广大读者予以批评指正。

目　录

第 1 章　直流电路

直流电路分为简单电路和复杂电路，对简单直流电路的分析主要运用欧姆定律，而对复杂电路主要运用基尔霍夫定律、戴维南定理等。对直流电路的分析是学习后面电机电路、电子电路以及控制与测量电路的基础。

本章要点

◆ 电路的组成及电路的工作状态；

◆ 基本物理量的意义；

◆ 基尔霍夫定律和戴维南定理的分析方法及应用。

1.1　电路的组成

1.1.1 电路

电路就是电流流过的路径。它的主要作用是实现电能的传输、分配和转换，以及信号的传递和处理。如白炽灯在电流流过时将电能转换成热能和光能；电视机将接收到的信号经过处理，转换成图像和声音。

1.1.2 电路模型

在电路的分析计算中，用一个假定的二端元件如电阻元件来代替实际元件（如灯泡），二端元件的电和磁的性质反映了实际电路元件的电和磁的性质，称这个假定的二端元件为理想电路元件，如图 1-1 所示。

由理想电路元件组成的电路称为理想电路模型，简称电路模型，如图 1-2 所示。

图 1-1　理想电路元件

图 1-2　电路模型

1.2　电路的基本物理量

1.2.1　电流

单位时间内流过导体截面积的电荷 [量] 定义为电流强度，用以衡量电流的大小。电工技术中，常把电流强度简称为电流，用 $i(I)$ 表示。随时间而变化的电流定义为

$$i = \frac{dq}{dt} \tag{1-1}$$

式中 t ——随时间变化；

$\quad\quad q$ ——变化的电荷量。

在电场力的作用下，电荷有规则的定向移动形成了电流。规定正电荷的方向为电流的实际方向。

当 $\frac{dq}{dt}$ = 常数时，则称这种电流为恒定电流，简称直流。大写字母如 U、I 表示电压、电流为恒定量，不随时间变化，一般称作直流电压、直流电流。小写字母 u、i 表示电压、电流随时间变化。

在国际单位制（SI) 中，在 Is 内通过导体横截面的电荷量为 1C 时，其电流为 1A。

图 1-3 电流方向的表示

电流的方向可用箭头表示，也可用字母顺序表示，如图 1-3 所示。用双下标表示时为 i_{ab}。

1.2.2 电压

电场力把单位正电荷从电场中的 a 点移到 b 点所做的功称为 a、b 间的电压，用 u_{ab} (U_{ab}) 表示。

$$u_{ab} = \frac{dW}{dq} \tag{1-2}$$

通常把电位降低的方向作为电压的实际方向，可用 +、- 号表示，也可用字母的双下

标表示，有时也用箭头表示，如图 1-4 所示。

在国际单位制中，当电场力把 1C 的正电荷（量）从一点移到另一点所做的功为 1J，则这两点间的电压为 1V。

有时把电路中任一点与参考点（规定电位能为零的点）之间的电压，也叫作该点的电位。也就是该点对参考点所具有的电位能。参考点的电位为零可能用符号"$\perp$"表示。

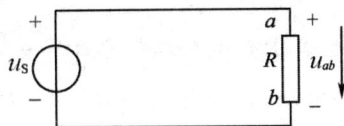

图 1-4 电压的方向表示

电位的单位与电压相同，用伏特(V)表示。

电路中两点间的电压也可用两点间的电位差来表示。

$$u_{ab} = u_a - u_b \tag{1-3}$$

电场中两点间的电压不变，电位随参考点（零电位点）选择的不同而不同。

1.2.3 电动势

非电场力即局外力把单位正电荷在电源内部由低电位 b 端移到高电位 a 端所做的功，称为电动势，用字母 $e(E)$ 表示。

$$e(t) = \frac{dW}{dq} \tag{1-4}$$

电动势的实际方向是电源内部从低电位指向高电位。

在图 1-5 中，电压 u_{ab} 是电场力在外电路中把单位正电荷从 a 点移到 b 点所做的功，由高电位指向低电位。电动势就是非电场力在电源内部为克服电场阻力把单位正电荷从 b 点移到 a 点所做的功。在图 1-6 中，直流电源在没有与外电路连接的情况下，电动势与两端电压大小相等、方向相反。

图 1-5 电动势

图 1-6 电动势与电压

1.3 电流、电压的参考方向

在电路的分析计算中，流过某一段电路（或某一元件）的电流实际方向或两端电压的实际方向往往并不知道，所以可以任意假定一个电流方向或电压方向，当假定的电流方向或电压方向与实际方向一致时，其值取正，反之取负。将假定的电流、电压方向称作电流、电压的参考方向。

1.3.1 电流的参考方向

图 1-7(a) 中电流的参考方向与实际方向一致，$I > 0$。图 1-7(b) 中电流的参考方向与实际方向相反，$I < 0$。实际方向用虚线表示，参考方向用实线表示。

图 1-7 电流参考方向

1.3.2 电压的参考方向

在图 1-8(a) 中，电压参考方向与实际方向一致取正 $U > 0$。在图 1-8(b) 中，电压参考方向与实际方向相反取负，$U < 0$。可见电流、电压都是代数量。

图 1-8 电压参考方向

图 1-9 关联参考方向

1.4 功率

电能量对时间的变化率，称为功率，也就是电场力在单位时间内所做的功

$$P = \frac{dW}{dt} \tag{1-5}$$

在国际单位制中，功率的单位是瓦特(W)。

图 1-10　电阻的功率

在图 1-10 中，电阻两端的电压是 U ，流过的电流是 I ，是关联参考方向，则电阻吸收的功率为

$$P = UI$$

电阻在 t 时间内所消耗的电能为

$$W = Pt$$

元件两端电压和流过的电流在关联参考方向下时的状态如图 1-11 所示。

$P = UI > 0$ ，元件吸收功率。

$P = UI < 0$ ，元件发出功率。

元件两端的电压和流过的电流在非关联参考方向下时其状态，如图 1-12 所示。

$P = UI > 0$ ，元件发出功率。

$P = UI < 0$ ，元件吸收功率。

图 1-11　关联参考方向

图 1-12　非关联参考方向

对任意一个电路元件，当流经元件的电流实际方向与元件两端电压的实际方向一致时，该元件吸收功率。电流、电压实际方向相反，该元件发出功率。

【例 1.1】试判断图 1-13(a)、（b) 中元件是发出功率还是吸收功率。

（a）　　　（b）

图 1-13　例 1.1 图

图 1-13(a) 中电压、电流是关联参考方向，且 $P = UI = 10W > 0$ ，元件吸收功率。

图 1-13(b) 中电压、电流是关联参考方向，且 $P = UI = -10W < 0$ ，元件发出功率。

1.5　电阻元件

电阻元件一般是反映实际电路中的能耗元件，如电炉、电灯等。图形符号如图1-14所示，字母用 R 表示。

当电阻两端的电压与流过电阻的电流是关联参考方向（见图1-14），根据欧姆定律电压与电流成正比，则

$$U = RI \tag{1-6}$$

当电阻两端的电压与流过的电流为非关联参考方向时（见图1-15），根据欧姆定律有

$$U = -RI \tag{1-7}$$

在关联参考方向下，当R为常数，也称其为线性电阻。图1-16所示为伏安特性是过原点的直线。

图1-14 关联参考方向   图1-15 非关联参考方向

把式(1-6)两边乘以I得到

$$P = UI = RI^2 = U^2 / R = GU^2$$

其中$G = 1/R$。G称为电导。在国际单位制中当电阻两端的电压为$1V$，流过电阻的电流为$1A$时，电阻为1Ω。电导G的单位是西门子(S)。

当电阻两端的电压与流过电阻的电流不成正比关系时，其伏安特性是曲线，如图1-17所示。电阻不是一个常数，随电压电流变动，也称做作非线性电阻。

图1-16 线性电阻伏安特性   图1-17 非线性电阻及其伏安特性

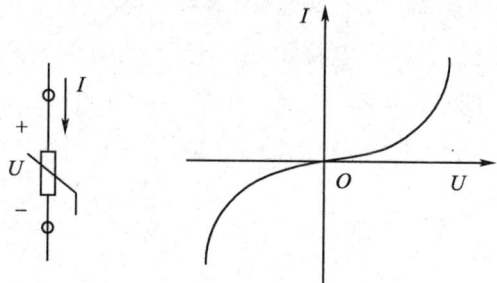

1.6 电感、电容元件

1.6.1 电感元件

图1-18是实际的线圈，假定绕制绕圈的导线无电阻，线圈有N匝，当线圈通以电流i在线圈内部将产生磁通Φ_L，若磁通Φ_L与线圈N匝都交链，则磁通链$\Psi_L = N\Phi_L$。在电路中一般用图1-19表示实际线圈，并用字母L表示。Φ_L和Ψ_L都是线圈本身电流产生的，分别叫作自感磁通和自感磁通链。

当磁通 Φ_L 和磁通链 Ψ_L 的参考方向与电流 i 的参考方向之间满足右手螺旋定则时，有式

$$\Psi_L = Li \tag{1-8}$$

式 (1-8) 中 L 称为线圈的自感或电感。

在国际单位制中，磁通和磁通链的单位是韦伯 (Wb)，自感的单位是亨利 (H)。

当 $L = \Psi_L / i$ 为常数，称其为线性电感，如图 1-20 所示，韦安特性是通过原点的一条直线。

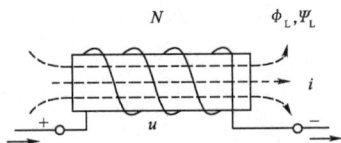

图 1-18　实际的线圈　　　图 1-19　实际线圈表示图　　　图 1-20　电感韦安特性

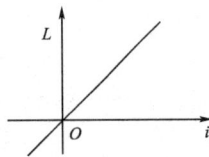

当电感元件两端电压和通过电感元件的电流在关联参考方向下根据楞次定律，有

$$u = \frac{d\Psi_L}{dt}$$

将 $\Psi_L = Li$ 代入上式，得

$$u = L\frac{di}{dt} \tag{1-9}$$

从式 (1-9) 可以看出，任何时刻，线性电感元件的电压与该时刻电流的变化率成正比。当电流不随时间变化（直流电流），则电感电压为零。这时电感元件相当于短接。

电感元件两端电压和通过电感元件的电流在关联参考方向下，从 $0 \sim T$ 的时间内电感元件所吸收的电能为

$$W_L = \int_0^T pdt = \int_0^T uidt = L\int_0^T i\frac{di}{dt}dt = L\int_{i(0)}^{i(T)} idi = \frac{1}{2}Li^2(T) \tag{1-10}$$

从式 (1-10) 中可以看出，L 一定时，磁场能量 W_L 随着电流的增加而增加〔假定 $i(0) = 0$〕。

1.6.2　电容元件

如图 1-21 所示，当电容元件上电压的参考方向由正极板指向负极板，则正极板上的电荷 q 与其两端电压 u 有以下关系

$$\begin{aligned} q &= Cu \\ C &= q/u \end{aligned} \tag{1-11}$$

C 称为该元件的电容，当 C 是正实常数时，电容为线性电容如图 1-22 所示，库伏特性是通过原点的一条直线。

电容的单位在国际单位制中，用 F 表示。当电容两端的电压是 $1V$，极板上电荷为 $1C$

时电容是 1F。

$$1F = 10^6 \mu F = 10^{12} F$$

当电容两端的电压 u 与流进正极板电流参考方向一致时，称为关联参考方向，如图 1-21 所示。

$$i = \frac{dq}{dt} \tag{1-12}$$

将式 $q = Cu$ 代入（式 1-12），得

$$i = C\frac{du}{dt} \tag{1-13}$$

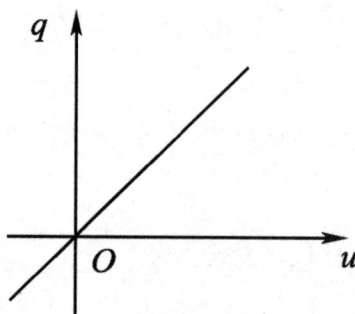

图 1-21　电容元件　　　　图 1-22　电容库伏特性

当电容一定时，电流与电容两端电压的变化率成正比，当电压为直流电压时，电流为零，电容相当于开路。

电容元件两端电压与通过的电流在关联参考方向下，从 0 到 T 的时间内元件所吸收的电能为

$$W_c = \int_0^T pdt = \int_0^T uidt = C\int_0^T u\frac{du}{dt}dt = C\int_{u(0)}^{u(T)} udu = \frac{1}{2}Cu^2(T) \tag{1-14}$$

式 (1-14) 中 C 一定时，电场能量随着电压的增加而增加〔假定 $u(0) = 0$〕。

1.7　电压源、电流源及其等效变换

1.7.1　电压源

如图 1-23 所示，电压源具有以下特点：电压源两端的电压 $U_s(t)$ 为确定的时间函数，与流过该元件的电流无关。当 U_s 为直流电压源时，两端的电压 $U_s(t)$ 不变，$U_s(t) = U$。直流电压源伏安特性如图 1-24 所示。

图 1-23　电压源　　　　　　　　　图 1-24　直流电压源伏安特性

从图 1-25 中看出电压源两端电压不随外电路改变而改变。

直流电压源也可用图 1-26 中的符号表示。线表示正极（高电位），短线表示负极（低电位）。

当电流流过电压源时从低电位流向高电位，则电压源向外提供电能。当电流流过电压源时从高电位流向低电位，则电压源吸收电能，例如电池充电时的情况。

图 1-25　电压源示例图　　　　　　　图 1-26　直流电压源符号

1.7.2　电流源

如图 1-27 所示。电流 $I_s(t)$ 是确定的时间函数，与电流源两端的电压无关。在直流电流源的情况下，发出的电流是恒值，$I_s(t) = I$，其伏安特性如图 1-28 所示。

图 1-27　电流源　　　　　　　　　图 1-28　直流电流源伏安特性

从图 1-29 中看出电流源发出的电流不随外电路的改变而改变。

图 1-29　电流源示意图

对电流源的电流和电压取非关联参考方向，如图 1-30 所示。在这种情况下，如果 $P > 0$，则表示电流源发出功率；$P < 0$，则表示电流源吸收功率。

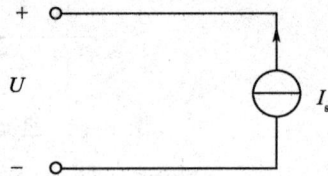

图 1-30   电流电压取非关联参考方向

1.7.3   实际电源两种模型的等效变换

实际电源可用两种电路模型来表示，一种为电压源和一电阻（内阻 R_0）的串联模型来表示，还有一种为电流源和电阻（内阻 R_0）的并联模型来表示，如图 1-31 所示。

两种模型的特点是：电阻相同，电流源电流为

$$I_s = \frac{U_s}{R_0}$$

电流 I_s 的方向为由电压源的低电位指向高电位，注意是对外电路等效。

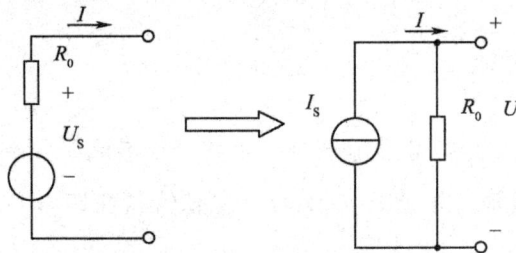

图 1-31   两种电源电路模型

1.7.4   电路的短路与开路

在图 1-32 中有

$$RI = U_s - R_0 I$$

$$I = U_s / (R + R_0)$$

当 $R = 0$ 时，$U = 0$，$I = U_s / R_0$，称电路 ab 间短路。

当 $R = \infty$（断开）时，$I = 0$，$U = U_s$，称电路 ab 间开路。

当有载情况下，$I = U_s / (R + R_0)$，在 ab 间短路时，$U = 0$，$I = U_s / R_0$，在 ab 间开路时 $I = 0$，$U = U_s$。

图 1-32   简单闭合电路

为了使电气设备能安全、可靠、经济运行，引入了电气设备额定值，就是电气设备在

电路的正常运行状态下，能承受的电压、允许通过的电流，以及它们吸收和产生功率的限额。如额定电压 U_N、额定电流 I_N、额定功率 P_N。如一个灯泡上标明 220V、60W，这说明额定电压 220V，在此额定电压下消耗的额定功率为 60W。

当电气设备的电流等于额定电流时，称为满载工作状态；电流小于额定电流时，称为轻载工作状态；超过额定电流时，称为过载工作状态。

1.8 基尔霍夫定律

1.8.1 支路、结点、回路

支路: 通常情况下,通以相同的电流无分支的一段电路称为支路。图 1-33 中有三条支路。其中两条含电源的支路称为有源支路，不含电源的支路称为无源支路。

结点：三条或三条以上支路的连接点称为结点，图 1-33 中有两个结点 a、b。

回路：电路中任一闭合路径称为回路，不含交叉支路的回路称为网孔，在图 1-33 中，回路有三个，网孔只有两个。

1.8.2 基尔霍夫电流定律 (KCL)

在电路中，任何时刻，对任一结点所有支路电流的代数和等于零。即在电路中对任一结点，在任一时刻流进该结点的电流等于流出该结点的电流。

$$\sum I = 0 \tag{1-15}$$

在图 1-34 中，假定流入 a 结点电流取负，流出 a 结点电流取正，有

$$-I_1 - I_2 + I_3 = 0$$

图 1-33 复杂电路　　　　图 1-34 结点电流

在图 1-33 中，对结点 a 有

$$-I_1 + I_2 + I_3 = 0 \tag{1-16}$$

对结点 b 有

$$-I_3 - I_2 + I_1 = 0 \tag{1-17}$$

将式 (1-17) 两边乘以 (-1)，所得方程与式 (1-16) 完全相同，故在图 1-33 中只能对其中一个结点列结点电流方程。此结点称为独立结点，当有 n 个结点时，$n-1$ 个结点是独立的。

在图 1-35 中

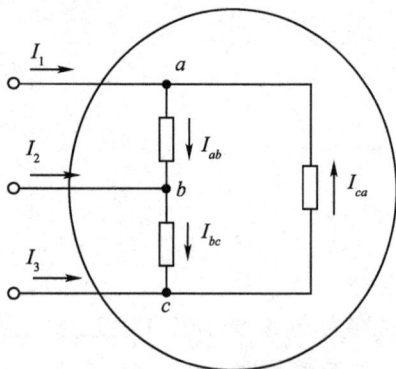

对结点 a

$$-I_1 - I_{ca} + I_{ab} = 0$$

对结点 b

$$-I_2 - I_{ab} + I_{bc} = 0$$

对结点 c

$$-I_3 - I_{bc} + I_{ca} = 0$$

图 1-35　广义结点

把上面三个方程式相加，得

$$I_1 + I_2 + I_3 = 0$$

由此得出：在电路中对任一闭合面电流的代数和为零，即流进闭合面的电流等于流出闭合面的电流。这是电流连续性的体现。

1.8.3　基尔霍夫电压定律 (KVL)

在图 1-35 所示电路中，任何时刻，沿任一回路内所有支路电压的代数和等于零。

$$\sum U = 0 \tag{1-18}$$

在图 1-36 中，假定回路绕行方向为顺时针，则有

$$U_{R1} + U_{R2} + U_{R3} + U_{a2} - U_{s1} = 0 \tag{1-19}$$

元件上的电压方向与绕行方向一致取正，相反取负。把欧姆定律公式代入式 (1-19) 有

$$R_1 I + R_2 I + R_3 I + U_{s2} - U_{s1} = 0$$

$$R_1 I + R_2 I + R_3 I = U_{s1} - U_{s2}$$

$$\sum R_k I = \sum U_{sk} \tag{1-20}$$

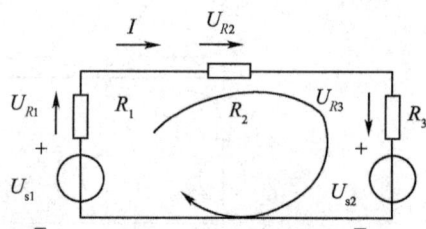

图 1-36　电压回路

式 (1-20) 中规定：流过电阻的电流与绕行方向一致 $R_k I$ 前取正，否则取负；电压源电压方向与绕行方向一致 U_{sk} 前取负 (移到等号右边变号)，否则取正。

注意： 一般对独立回路列电压方程，网孔一般是独立回路。在电路中，设有 b 条支路，

n 个结点，则独立回路数为 $b-(n-1)$。

【例 1.2】　求图示电路的开口电压 U_{ab}。

解： 先把图 1-37 改画成图 1-38，再求电流 I。

图 1-37　例 1.2 图 1　　　　　图 1-38　例 1.2 图 2

在回路 1 中有

$$6I=12-6$$

$$I=1A$$

根据基尔霍夫电压定律，在回路 2 中有

$$U_{ac}+U_{cb}-U_{ab}=0$$

$$-2+12-3\times1-U_{ab}=0$$

$$U_{ab}=7V$$

从上面的例子可以看出，基尔霍夫电压定律不但适用于闭合回路，对开口回路同样适用，但需在电路开口处假设电压（例如 U_{ab}）。在列电压方程时，要注意开口处电压方向。

1.9　支路电流法

图 1-39　支路电流法

在图 1-39 中，标出每条支路电流 I_1、I_2、I_3 的参考方向，网孔为顺时针绕行方向。

在图中有两个结点，独立结点只有一个，故只要对其中一个结点列电流方程。独立回路有两个，故只要对网孔列电压方程即可。

对 a 结点有

$$-I_1-I_2+I_3=0$$

对回路 1

$$R_1I_1-R_2I_2=U_{s1}$$

对回路 2

$$R_2I_2+R_3I_3=-U_{s2}$$

解得支路电流 I_1、I_2、I_3。

小结：

①假定各支路电流的参考方向，网孔绕行方向。

②根据基尔霍夫电流定律对独立结点列电流方程（如：有 n 个结点，则 $n-1$ 个结点是独立的）。

③根据基尔霍夫电压定律对独立回路列电压方程（一般选取网孔，网孔是独立回路）。

④解出支路电流。

【例 1.3】　电路如图 1-40 所示，用支路法求各支路电流。

解：在图 1-40 中，设支路电流 I_1、I_2、I_3 的参考方向。

图 1-40　例 1.3 图

根据电流源的性质，得 $I_2 = 5A$。设网孔绕行方向按顺时针方向。

对结点 a

$$-I_1 - I_2 + I_3 = 0$$

对回路 1 假定电流源两端电压 u 参考方向如图 1-40 所示。

$$6I_1 + U = 10$$

对回路 2

$$-U + 4I_3 = 0$$

得方程组

$$\begin{cases} -I_1 + I_3 = 5 \\ 6I_1 + U = 0 \\ 4I_3 = U \end{cases}$$

解得

$$I_1 = -1A, \quad I_2 = 5A, \quad I_3 = 4A, \quad U = 16V$$

注意：对电流源在列回路电压方程时，要假设电流源两端的电压。

1.10　叠加定理

叠加定理叙述为：在线性电路中，如果有多个独立源同时作用时，任何一条电路的电流或电压，等于该电路中各个独立源单独作用时对该支路所产生的电流或电压的代数和。

当某独立源单独作用于电路时，其他独立源应该除去，称为"除源"。即对电压源来说，令其电源电压 U_s 为零，相当于"短路"；对电流源来说，令其电源电流 I_s 为零，相当于"开路"，如图 1-41 所示。

图 1-41 叠加定理

在图 1-41 中，用叠加定理求流过 R_2 的电流 I_2，等于电压源、电流源单独对 R_2 支路作用产生电流的叠加。

$$I_2 = I'_2 + I''_2$$

注意：不作用的电压源短接，不作用的电流源断开，电阻不动。

【例 1.4】 用叠加定理求电路图 1-42 中流过电阻 (4Ω) 的电流。

解：

$$I' = (10 / 10)A = 1A$$

$$I'' = (6 / 10 \times 5)A = 3A$$

$$I = I' + I'' = (1 + 3)A = 4A$$

图 1-42 例 1.4 图 1

图 1-43 例 1.4 图 2

1.11 戴维南定理

任何具有两个引出端的网络都可称为二端网络。含有电源的二端线性网络称为有源二端线性网络。不含电源的二端线性网络，称为无源二端线性网络，图1-44所示电路为有源二端线性网络。

图1-44 有源二端线性网络

戴维南定理叙述为：任何有源二端线性网络，都可以用一条含源支路即电压源和电阻的串联组合来等效替代（对外电路），其中电阻等于二端网络化成无源（电压源短接，电流源断开）后，从两个端看进去的电阻，电压源的电压等于二端网络两个端之间的开路电压，如图1-45所示。

图1-45 戴维南定理

【例1.5】 用戴维南定理，求图1-46中流过 4Ω 电阻的电流 i 。

解： 求入端电阻 R_i（电压源短接，电流源断开，从 a、b 二端看进去的电阻），如图1-47所示。

$$R_i = 6\Omega$$

图1-46 开路电压 U_{oc}

图1-47 电流 I

本章小结

本章着重理解和掌握以下几个问题

(1) 物理量

电流、电压、电功率是电路中三个主要的物理量，其中，电流、电压是电路的基本物理量。

(2) 电压、电流的参考方向

参考方向是假定的一个方向。在电路的分析中电压、电流大于零表示电压、电流的方向与实际方向一致，当电压、电流小于零表示电压、电流的方向与实际方向相反。

(3) 基尔霍夫定律与欧姆定律的区别

基尔霍夫定律主要是分析元件之间的约束关系；欧姆定律主要是讨论电阻元件两端电压与通过电流的关系。

(4) 基尔霍夫定律

①基尔霍夫电流定律 (KCL)：在电路中，任何时刻，对任一结点所有支路电流的代数和等于零。即在电路中对任一结点，在任一时刻流进该结点的电流等于流出该结点的电流即 $\sum I = 0$。

②基尔霍夫电压定律 (KVL)：在电路中任何时刻，沿任一回路内所有支路电压的代数和等于零，即 $\sum U = 0$。

(5) 支路电流法

①先要假定每条支路电流的参考方向。

②对独立结点列电流方程、独立回路列电压方程，特别要注意在列回路方程时，回路中含电流源，需在电流源两端先假设电压后，再列回路电压方程。

③解方程组，求出支路电流。

(6) 戴维南定理

应用戴维南定理计算复杂电路时，关键是求等效电压源的电动势 E 和内阻。在计算 R_0 时，应将待求支路断开、有源二端网络中各电动势均短路、各电流源均断路，这样既便于计算，也可以避免错误。

习　题

1. 如图 1-48 所示电路中，I、U 的参考方向已经给定，二者的关系式为（　　　）

　　A. $U = 2 + 2I$　　　　B. $U = 2 - 2I$　　　　C. $U = -2 + 2I$　　　　D. $U = -2 - 2I$

图 1-48　题图

2. 图 1-49 所示电路中若 (1)$U = 10V$，$I = 2A$，(2)$U = 10V$，$I = -2A$。试问哪个元件是吸收功率？哪个元件是输出功率？为什么？

3. 电路如图 1-50 所示，电流与电流的关系式是_____

图 1-49　题 1.2 图　　　　　　　图 1-50　题 1.3 图

4. 求图 1-51 所示电路中的 U_1 和 U_2。

（a）　　　　　　　　　　（b）

图 1-51　题 1.4 图

5. 求图 1-52 所示电路 U_{ab}。

6. 电路如图 1-53 所示。试问 ab 支路是否有电压和电流。

图 1-52　题 1.5 图　　　　　　　图 1-53　题 1.6 图

7. 将图 1-54 所示电路化成等值电流源电路。

8. 求图 1-55 所示电路中 A 点的电位。

(a)   (b)

图 1-54　题图

图 1-55　题图

9. 如图 1-56 所示电路，已知 $R_1 = R_2 = R_3 = 1\Omega$，$E_1 = 2V, E_2 = 4V$。试用支路电流法求支路电流 I_1、I_2、I_3。

10. 如图 1-57 所示电路用戴维南定理求负载电流 I。

图 1-56　题 9 图

图 1-57　题 10 图

11. 用戴维南定理，计算图 1-58 所示电路中的电流 I。

12. 试分别用支路电流法、叠加定理和戴维南定理求解图 1-59 所示电路中的 I。

图 1-58　题 11 图

图 1-59　题 12 图

第 2 章　正弦交流电路

> 日常生活中最常用的家用电器大部分采用交流电，在生产和生活中所用的交流电一般是指正弦交流电，因此正弦交流电路是电工学中很重要的一个部分。

本章要点

◆ 正弦交流电路的基本概念、基本规律；

◆ 相量法分析正弦交流电路；

◆ 正弦交流电路的串并联分析；

◆ 三相交流电路中电源的连接方法和负载的连接方法。

2.1　正弦量

在正弦交流电路中，电压和电流的大小和方向随时间按正弦规律变化。凡按正弦规律变化的电压、电流等统称正弦量。

图 2-1 是一段正弦电流电路模型，电流 i 在图示参考方向下，其数学表达式为

$$i = I_m \sin(\omega t + \Psi_i)$$

式中 I_m ——振幅（最大值）；

　　ω ——角频率；

　　Ψ_i ——初相。

图 2-1　正弦电流电路模型

正弦量的变化取决于以上三个量，通常把 I_m、ω、Ψ_i 称为正弦量的三要素。

2.1.1　频率与周期

正弦量完整变化一周所需的时间称为周期 T。单位是 s，每秒内变化的周期数称为频率，用字母 f 表示，单位是 H_z。我国采用 $50H_z$ 作为电力标准频率，又称工频。频率和周期互为倒数

$$f = \frac{1}{T} \tag{2-1}$$

ω 称为正弦电流 i 的角频率，单位是 rad/s。

$$\omega = \frac{2\pi}{T} 2\pi f \tag{2-2}$$

从式 (2-1)、式 (2-2) 中可以看出角频率与频率之间是个 2π 的倍数关系，有时也把振幅、频率、初相称为正弦量的三要素。

2.1.2　振幅和有效值

正弦量的大小和方向随时间周期性的变化而变化，最大幅值称为振幅，也叫最大值，图 2-2 为交流电流的正弦波形图。一般用 I_m、U_m 来表示电流、电压的最大值。

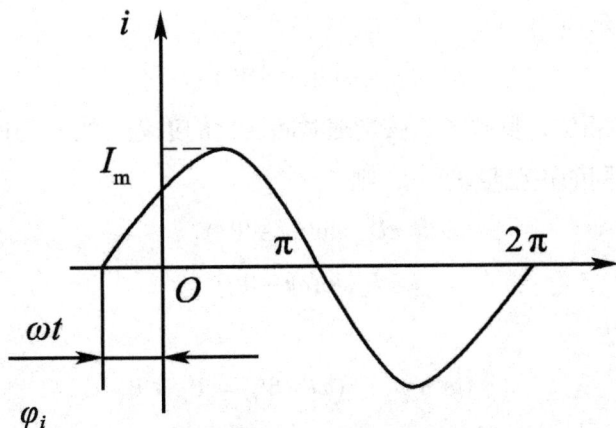

图 2-2　正弦交流波形图

下面来分析一下正弦量的有效值。

在图 2-3 中有两个相同的电阻 R，其中一个电阻通以周期电流 i，另一个电阻通以直流电流 I，在一个周期内电阻消耗的电能分别为

$$W_{周} = \int_0^T Ri^2 dt \qquad W_{直} = RI^2 T$$

令消耗的电能相等，$W_{直} = W_{周}$，则

$$RI^2T = \int_0^T Ri^2 dt$$

$$I = \sqrt{\frac{1}{T}\int_0^T i^2 dt}$$

式中 I ——周期电流 i 的有效值，又称方均根值。

(a) 通周期电流 i   (b) 通直流电流 I

图 2-3 交流电的有效值示例

当周期电流为正弦量时，$i = I_m \sin \omega t (\Psi_i = 0)$ ，则

$$I = \sqrt{\frac{1}{T}\int_0^T i^2 dt} = \sqrt{\frac{1}{T}\int_0^T I_m^2 \sin^2 \omega t dt} = \sqrt{\frac{I_m^2}{T}\int_0^T \frac{1-\cos 2\omega t}{2} dt} = \frac{I_m}{\sqrt{2}}$$

$$I_m = \sqrt{2}I \tag{2-3}$$

同理

$$U_m = \sqrt{2}U \tag{2-4}$$

得到正弦量最大值（振幅）是有效值的 $\sqrt{2}$ 倍。

2.1.3 相位、初相、相位差

正弦电流一般表示为

$$i = I_m \sin(\omega t + \Psi_i)$$

其中 $\omega t + \Psi_i$ 称为相位，反映了正弦量随时间变化的进程。当 $t = 0$ 时，Ψ_i 叫作初相。

假定两个频率相同的正弦量 u ，i ，则

$$u = U_m \sin(\omega t + \Psi_u)$$

$$i = I_m \sin(\omega t + \Psi_i)$$

它们的相位差 ϕ 为

$$\phi = (\omega t + \psi_u) - (\omega t + \Psi_i) = \Psi_u - \Psi_i$$

由此表明，相位差与计时起点无关，是一个定数。

注意： 此处只讨论同频率正弦量的相位差。

当 $\phi > 0$ 时，反映出电压 u 的相位超前电流 i 的相位一个角度 ϕ ，简称电压 u 超前电流 i ，如图 2-4(a) 所示。

当 $\phi < 0$ 时，反映出电压 u 的相位滞后电流 i 的相位一个角度 ϕ ，简称电压 u 滞后电流 i 。

当 $\phi = 0$ 时，电压 u 和电流 i 同相位如图 2-4(b) 所示。

当 $\phi = \pi / 2$ 时，称正交，如图 2-4(c) 所示。

当 $\phi = \pi$ 时，称反相，如图 2-4(d) 所示。

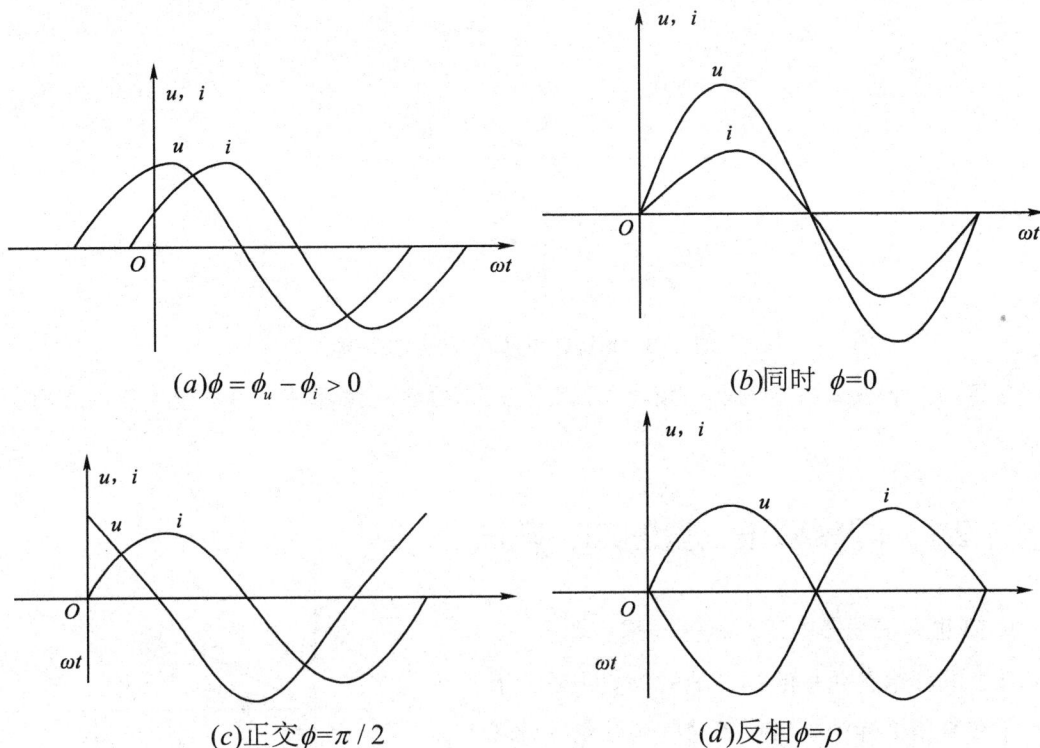

(a)$\phi = \phi_u - \phi_i > 0$

(b)同时 $\phi = 0$

(c)正交 $\phi = \pi / 2$

(d)反相 $\phi = \rho$

图 2-4　电压、电流的相位关系

2.2　同频率正弦量的相加与相减

同频率正弦量相加相减，可以用解析式的方法，也可以用波形图逐点描绘的方法，但这两种方法都不简便。所以，要计算几个同频率的正弦量的相加减，常用旋转矢量的方法。

2.2.1　正弦量的旋转矢量表示方法

用旋转矢量表示正弦交流电的方法是：在直角坐标系中画一个旋转矢量，规定用该矢量的长度表示正弦交流电的最大值，该矢量与横轴的正向的夹角表示正弦交流电的初相，矢量以角速度 ω 按逆时针旋转，旋转的角速度也就表示正弦交流电的角频率。

【例 2.1】　已 知：$i_1 = 7.5\sin(\omega t + 30°)A$，$i_2 = 5\sin(\omega t + 90°)A$，$i_3 = 5\sin \omega t A$，$i_4 = 10\sin(\omega t - 120°)A$，画出表示以上正弦交流电的旋转矢量。

解：如图 2-5 所示，用旋转矢量 I_{1m}、I_{2m}、I_{3m}、I_{4m} 分别表示正弦交流电 i_1、i_2、i_3、i_4，其中

$$I_{1m} = 7.5A, \ I_{2m} = 5A, \ I_{3m} = 5A, \ I_{4m} = 10A$$

图 2-5　用旋转矢量表示正弦交流电

注意：只有当正弦交流电的频率相同时，表示这些正弦量的旋转矢量才能画在同一坐标系中。

2.2.2　同频率正弦量的加、减法

1. 同频率正弦量的加、减的一般步骤

几个同频率正弦量的加、减的一般步骤如下：

①在直角坐标中画出代表这些正弦量的旋转矢量。

②分别求出这几个旋转矢量在横轴上的投影之和、在纵轴上的投影之和。

③求合成矢量。

④根据合成矢量写出计算结果。

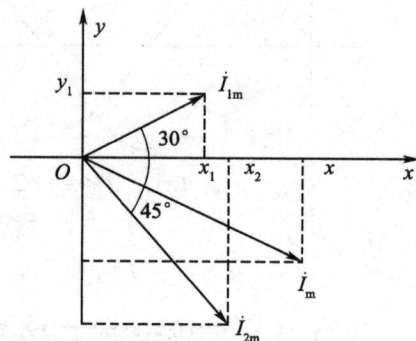

图 2-6　例 2.2 图

【例 2.2】　已知 $i_1 = 2\sin(\omega t + 30°)A$，$i_2 = 4\sin(\omega t - 45°)A$，求 $i = i_1 + i_2$。

解：画 i_1、i_2 的旋转矢量 I_{1m}、I_{2m}，如图 2-6 所示。

求得

$$Ox = Ox_1 + Ox_2 = 2\cos 30° + 4\cos 45° = \sqrt{3} + 2\sqrt{2} \approx 4.66$$

$$Oy = Oy_1 + Oy_2 = 2\sin 30° - 4\sin 45° = 1 - 2\sqrt{2} \approx -1.828$$

$$I_m = \sqrt{Ox^2 + Oy^2} \approx \sqrt{21.72 + 3.34} = \sqrt{25.06} \approx 5A$$

$$\phi = \arctan\frac{Oy}{Ox} = \arctan\frac{-1.828}{4.66} = \arctan(-0.3922) \approx -21.4°$$

2. 正弦量加、减的简便方法

可以证明，几个同频率的正弦量相加、相减，其结果还是一个相同频率的正弦量。所以，在画旋转矢量图时，可以略去直角坐标系及旋转角速度 ω，只要选其中一个正弦量为参考量，将其矢量图画在任意方向上（一般画在水平位置上），其他正弦量仅按它们和参考量的相位关系画出，便可直接按矢量计算法进行。

另外，由于交流电路中通常只计算有效值，而不计算瞬时值，因而计算过程更简单。

【例 2.3】　已知 $i_1 = 2\sin(\omega t + 30°)A$，$i_2 = 4\sin(\omega t - 45°)A$，求 $i = i_1 + i_2$ 的最大值。

解: 相位差 $\phi = 30° - (45°) = 75°$，且 i_1 超前于 i_2 75°。以 i_1 为参考量，矢量图如图 2-7 所示。

根据矢量图求 $\vec{I}_m = \vec{I}_{1m} + \vec{I}_{2m}$。用余弦定理得

$$I_m^2 = I_{1m}^2 + I_{2m}^2 - 2I_{1m}I_{2m}\cos 105° = 4 + 16 - 16\cos(90° + 15°)$$
$$= 20 + 16\sin 15° \approx 24.14$$

所以 $I_m = \sqrt{24.14} \approx 4.91A$

【例 2.4】　已知 $u_1 = 220\sqrt{2}\sin(\omega t + 90°)V$，$u_2 = 220\sqrt{2}\sin(\omega t - 30°)V$，求 $u = u_1 - u_2$ 的有效值。

解: 设参考量为 $u_1 = 220\sqrt{2}\sin(\omega t + 90°)V$，矢量式为 $\vec{U} = \vec{U}_1 + (-\vec{U}_2)$，有效值矢量图如图 2-8 所示。根据余弦定理，从矢量图得

$$U2 = U_1^2 + U_2^2 - 2U_1U_2\cos 120° = 220^2 + 220^2 + 2 \times 220 \times 220 \times \sin 30°$$
$$= 145200$$

$$U \approx 381V$$

图 2-7　正弦电流相加

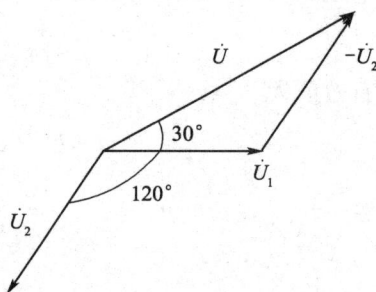

图 2-8　正弦电压相减

2.3　交流电路中的电阻、电感与电容

直流电流的大小与方向不随时间变化，而交流电流的大小和方向则随时间不断变化。因此，在交流电路中出现的一些现象，与直流电路中的现象不完全相同。

电容器接入直流电路时，电容器被充电，充电结束后，电路处在断路状态。但在交流电路中，由于电压是交变的，因而电容器时而充电时而放电，电路中出现了交变电流，使电路处于导通状态。

电感线圈在直流电路中相当于导线。但在交流电路中由于电流是交变的，所以线圈中有自感电动势产生。

电阻在直流电路与交流电路中作用相同，起着限制电流的作用，并把取用的电能转换

成热能。

　　由于交流电路中电流、电压、电动势的大小和方向随时间变化而变化，因而分析和计算交流电路时，必须在电路中给电流、电压、电动势标定一个正方向。同一电路中电压和电流的正方向应标定一致，如图 2-9 所示。若在某一瞬时电流为正值，则表示此时电流的实际方向与标定方向一致；反之，当电流为负值时，则表示此时电流的实际方向与标定方向相反。

图 2-9　交流电方向的设定

2.3.1　纯电阻电路

1. 电阻电路中的电流

　　将电阻 R 接入如图 2-10(a) 所示的交流电路，设交流电压为 $u = U_m \sin \omega t$，则 R 中电流的瞬时值为

$$i = u/R = (U_m/R)\sin \omega t = I_m \sin \omega t \tag{2-5}$$

　　这表明，在正弦电压作用下，电阻中通过的电流是一个相同频率的正弦电流，而且与电阻两端电压同相位。画出矢量图如图 2-10(b) 所示。电流最大值为

$$I_m = U_m/R \tag{2-6}$$

电流有效值为

$$I = U_m/\sqrt{2}R = U/R \tag{2-7}$$

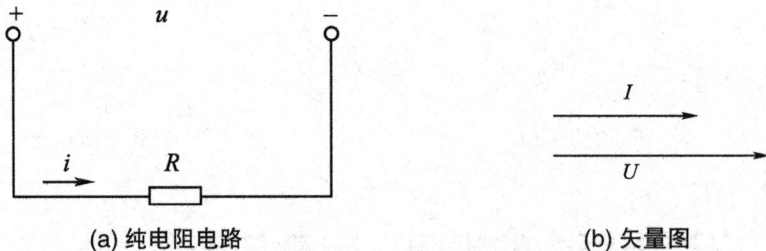

(a) 纯电阻电路　　　　　　　　　　(b) 矢量图

图 2-10　电阻电路的电流

2. 电阻电路中的功率

(1) 瞬时功率

电阻在任一瞬时取用的功率，称为瞬时功率，按下式计算：

$$p = ui = U_m I_m \sin 2\omega t \tag{2-8}$$

　　当 $p \geqslant 0$ 时，表明电阻任一时刻都在向电源取用功率，起负载作用。i、u、p 的波形图如图 2-11 所示。

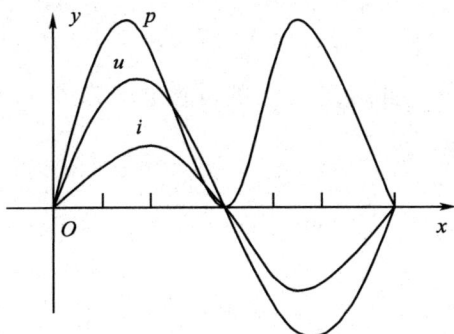

图 2-11 i、u、p 波形图

(2) 平均功率 (有功功率)

由于瞬时功率是随时间变化的，为便于计算，常用平均功率来计算交流电路中的功率。平均功率为

$$P = \frac{1}{T}\int_0^T pdt = \frac{1}{T}\int_0^T U_m I_m \sin^2 \omega t dt = U_m I_m / 2$$

或

$$P = U_m I_m / 2 = UI = I^2 R \tag{2-9}$$

这表明，平均功率等于电压、电流有效值的乘积。平均功率的单位是 W。通常，白炽灯、电炉等电器所组成的交流电路，可以认为是纯电阻电路。

【例 2.5】   已知电阻 $R = 440\Omega$，将其接在 $U = 220V$ 的交流电路上，试求电流 I 和功率 P。

解：电流为

$$I = U / P = 220 / 440 = 0.5A$$

功率为

$$P = UI = 220 \times 0.5 = 110W$$

2.3.2 纯电感电路

一个线圈，当它的电阻小到可以忽略不计时，就可以看成是一个纯电感。纯电感电路如图 2-12(a) 所示，L 为线圈的电感。

(a) 纯电感电路

(b) 矢量图

题 2-12   电感的电压

1. 电感电路中的电压

设 L 中流过的电流为 $i = I_m \sin \omega t$，L 上的自感电动势 $e_L = -L \dfrac{di}{dt}$，由图示标定的方向，电压瞬时值为

$$u_L = -e_L = L \frac{di}{dt} = \omega L I_m \cos \omega t = \omega L I_m \sin(\omega t + \pi / 2)$$

即

$$u_L = \omega L I_m \sin(\omega t + \pi / 2) \tag{2-10}$$

这表明，纯电感电路中通过正弦电流时，电感两端电压也以同频率的正弦规律变化，而且在相位上超前于电流 $\omega / 2$ 电角。纯电感电路的矢量图如图 2-12(b) 所示。

电压最大值为

$$U_{Lm} = \omega L I_m \tag{2-11}$$

电压有效值为

$$U_L = \omega L I \tag{2-12}$$

2. 电感的感抗

由式 (1-12) 得

$$X_L = U_L / I = \omega L = 2\pi f L \tag{2-13}$$

X_L 称感抗，单位是 Ω。与电阻相似，感抗在交流电路中也起阻碍电流的作用，这种阻碍作用与频率有关。当 L 一定时，频率越高，感抗越大。在直流电路中，因频率 $f = 0$，其感抗也等于零。

3. 电感电路的功率

(1) 瞬时功率 p

纯电感电路的瞬时功率为

$$p = ui = U_m \sin(\omega t + \pi / 2) \square I_m \sin \omega t = U_m I_m \cos \omega t \square \sin \omega t$$

$$p = \frac{1}{2} U_m I_m \sin 2\omega t = UI \sin 2\omega t$$

纯电感电路的瞬时功率 p、电压 u、电流 i 的波形图如图 2-13 所示。从波形图可以看出：第 1、3 个 $T / 4$ 期间，$p > 0$，表示线圈从电源处吸收能量；在第 2、4 个 $T / 4$ 期间，$p \leqslant 0$，表示线圈向电路释放能量。

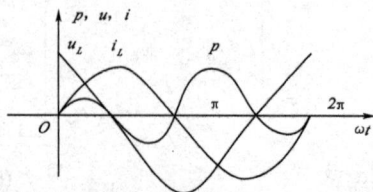

图 2-13 电感电路 p，u，i 波形图

(2) 平均功率 (有功功率)

瞬时功率表明，在电流的一个周期内，电感与电源进行两次能量交换，交换功率的平均值为零，即纯电感电路的平均功率为零。

$$P = \frac{1}{T}\int_0^T pdt = 0 \qquad (2\text{-}14)$$

式 (2-14) 说明，纯电感线圈在电 耗有功功率，它是一种储存电能的组件。

(3) 无功功率

纯电感线圈和电源之间进行能量交换的最大速率，称为纯电感电路的无功功率，用 Q 表示。

$$Q_L = U_L I = I^2 X_L \qquad (2\text{-}15)$$

无功功率的单位是 $V\Box A$ 。

【例 2.6 】　一个线圈电阻很小，可略去不计。电感 $L = 35mH$ 。求该线圈在 $50H_z$ 和 $1000H_z$ 的交流电路中的感抗各为多少？若接在 $U = 220V$ ， $f = 50H_z$ 的交流电路中，电流 I ，有功功率 P 、无功功率 Q 又是多少？

解： $f = 50H_z$ 时，

$$X_L = 2\pi fL = (2\pi \times 50 \times 35 \times 10^{-3})\Omega \approx 11\Omega$$

$f = 1000H_z$ 时，

$$X_L = 2\pi fL = (2\pi \times 1000 \times 35 \times 10^{-3})\Omega \approx 220\Omega$$

(2) 当 $U = 220V$ ， $f = 50H_z$ 时，

电流

$$I = U / X_L = 220 / 11A = 20A$$

有功功率

$$P = 0$$

无功功率

$$Q_L = UI = 220 \times 20 = 4400(\text{var})$$

2.3.3　纯电容电路

图 2-14(a) 表示仅含电容的交流电路，称为纯电容电路。

设电容器 C 两端加上电压 $u = U_m \sin \omega t$ 。由于电压的大小和方向随时间变化，使电容器极板上的电荷量也随之变化，电容器的充、放电过程也不断进行，形成了纯电容电路中的电流。

1. 电容电路中的电流

(1) 瞬时值

$$i = \frac{dq}{dt} = C\frac{du_c}{dt} = \omega CU_m \cos \omega t = \omega CU_m \sin(\omega t + \pi/2) = I_m \sin(\omega t + \pi/2) \tag{2-16}$$

这表明，纯电容电路中通过的正弦电流比加在它两端的正弦电压超前 $\pi/2$ 电角，如图 2-14(b) 所示。纯电容电路电压、电流功率波形图如图 2-15 所示。

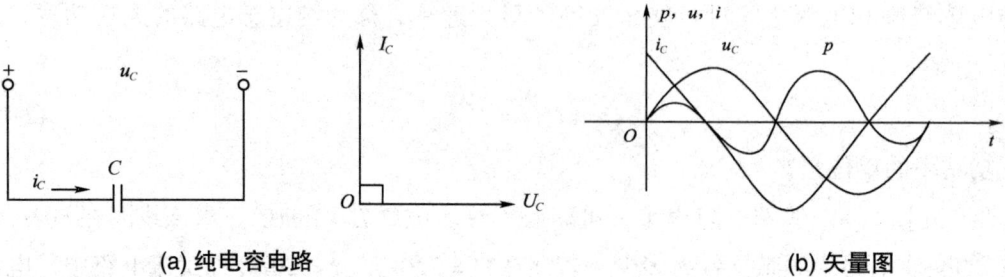

(a) 纯电容电路

图 2-14　纯电容电路中的电流

(b) 矢量图

图 2-15　电容电路 i，u，p 波形图

(2) 最大值

$$I_m = \omega CU_m \frac{U_m}{\frac{1}{\omega C}} = U_m / X_c \tag{2-17}$$

(3) 有效值

$$I = \omega CU = \frac{U}{\frac{1}{\omega c}} = U / X_c \tag{2-18}$$

2. 电容电路中的容抗

$$X_c = 1/\omega C = 1/2\omega fC \tag{2-19}$$

式 (2-19) 中，X_c 的单位是 Ω。

3. 电容电路中的功率

(1) 瞬时功率

$$p = ui = U_m I_m \sin \omega t \cos \omega t = 1/2 U_m I_m \sin 2\omega t = UI \sin 2\omega t \tag{2-20}$$

这表明，纯电容电路瞬时功率波形与电感电路的相似，以电路频率的 2 倍按正弦规律变化。电容器也是储能组件，当电容器充电时，它从电源吸收能量，当电容器放电时则将能量送回电源。

(2) 平均功率

$$P = 1/T\int_0^T p dt = 0 \tag{2-21}$$

(3) 无功功率

$$Q_c = U_c I = I^2 X_c \tag{2-22}$$

2.4　电阻、电感的串联电路

前面介绍的纯电感电路实际上是不存在的，因为实际所用的线圈，不但有电感，还具有一定的电阻。在分析电路时，实际线圈可用一个纯电阻 R 与纯电感 L 串联的等效电路来代替。

2.4.1　电压、电流瞬时值及电路矢量图

在图 2-16 所示的 R 、 L 串联电路中，设流过电流 $i = I_m \sin \omega t$ ，则电阻 R 上的电压瞬时值为

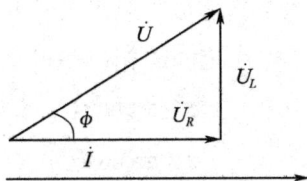

$$u_R = I_m R \sin \omega t = U_{Rm} \sin \omega t$$

根据式 (2-10) 可知电感 L 上的电压瞬时值为

$$u_L = I_m X_L \sin(\omega t + \pi / 2) = U_m \sin(\omega t + \pi / 2)$$

总电压 u 的瞬时值为 $u = u_R + u_L$ 。画出该电路电流和各段电压的矢量图如图 2-17 所示。

图 2-16　R 、L 串联电路　　　　图 2-17　电压和电流矢量图

因为通过串联电路各组件的电流是相等的，所以在画矢量图时通常把电流矢量画在水平方向上，作为参考矢量。电阻上的电压与电流同相位，故矢量 $\dot{U}_R$ 与 $\dot{I}$ 同方向；感抗两端电压超前于电流 $\pi / 2$ 电角，故矢量 $\dot{U}_L$ 与 $\dot{I}$ 垂直。$\dot{U}_R$ 与 $\dot{U}_L$ 的合成矢量 $\dot{U}$ 便是总电压 U 的矢量。

2.4.2　电压有效值、电压三角形

从电压矢量图可以看出，电阻上电压矢量、电感上电压矢量与总电压的矢量，恰好组成一个直角三角形，此直角三角形叫作电压三角形（见图 2-18）。从电压三角形可求出总电压有效值为

$$U = \sqrt{U_R^2 + U_L^2} = \sqrt{(IR)^2 + (IX_L)^2} = I\sqrt{R^2 + X_L^2} \tag{2-23}$$

2.4.3　阻抗、阻抗三角形

和欧姆定律对比，式 (2-23) 可写成

$$1 = \frac{U}{\sqrt{R^2 + X_L^2}} \frac{U}{Z} \tag{2-24}$$

式 (2-24) 中

$$Z = \sqrt{R^2 + X_L^2} \tag{2-25}$$

Z 称为电路的阻抗，它表示 R、L 串联电路对电流的总阻力。阻抗的单位是 Ω。

电阻、感抗、阻抗三者之间也符合一个直角三角形三边之间的关系，如图 2-19 所示，该三角形称阻抗三角形。

图 2-18　电压三角形　　　　　　　图 2-19　阻抗三角形

注意：这个三角形不能用矢量表示。

电流与总电压之间的相位差可从下式求得

$$\phi = \arctan(U_L / U_R) = \arctan(X_L / R) \tag{2-26(a)}$$

$$\phi = \arccos(U_R / U) = \arccos(R / Z) \tag{2-26(b)}$$

式 (2-26) 说明，ϕ 角大小取决于电路的电阻 R 和感抗 X_L 的大小，与电流电压的量值无关。

2.4.4　功率、功率三角形

1. 有功功率

在交流电路中，电阻消耗的功率叫有功功率。

$$P = I^2 R = U_R I = UI \cos \phi \tag{2-27}$$

式 (2-27) 中，$\cos \phi$ 称为电路功率因数，是交流电路运行状态的重要数据之一。电路功率因数的大小由负载性质决定。

2. 无功功率

$$Q = I^2 X_L = U_L I = UI \sin \phi \tag{2-28}$$

3. 视在功率

总电压 U 和电流 I 的乘积叫电路的视在功率。

$$S = UI = I^2 Z \qquad (2\text{-}29)$$

视在功率的单位是 $V \cdot A$，或 $kV \cdot A$。

视在功率表示电气设备（例如发电机、变压器等）的容量。式 (2-27) 和 (2-28) 还可写成

$$P = S \cos \phi, \ Q = S \sin \phi$$

可见，S、P、Q 之间的关系也符合一个直角三角形三边的关系，即

$$S = \sqrt{P^2 + Q^2} \qquad (2\text{-}30)$$

由 S、P、Q 组成的这个三角形叫功率三角形 (见图 2-20)，该三角形可看成是电压三角形各边同乘以电流 I 得到。与阻抗三角形一样，功率三角形也不应画成矢量，因 S、P、Q 都不是正弦量。

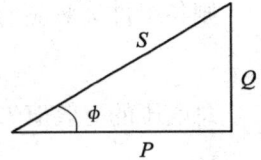

【例 2.7】　把电阻 $R = 60\Omega$，电感 $L = 255mH$ 的线圈，接入频率 $f = 50H_z$，电压 $U = 110V$ 的交流电路中，分别求出 X_L、I、U_L、U_R、$\cos \phi$、P、S。

图 2-20　功率三角形

解：分别求得

感抗　　　　　　　$X_L = 2\pi fL = 2\pi \times 50 \times 255 \times 10^{-3}\Omega \approx 80\Omega$

阻抗　　　　　　　$Z = \sqrt{R^2 + X_L^2} = \sqrt{60^2 + 80^2}\Omega = 100\Omega$

电流　　　　　　　$I = U / Z = 110/100A = 1.1A$

电阻两端电压　　　$U_R = IR = 1.1 \times 60V = 66V$

电感两端电压　　　$U_L = IX_L = 1.1 \times 80V = 88V$

回路功率因数　　　$\cos \phi = R / Z = 60/100 = 0.6$

有功功率　　　　　$P = UI \cos \phi = 110 \times 1.1 \times 0.6W = 72.6W$

视在功率　　　　　$S = UI = 110 \times 1.1V \cdot A = 121V \cdot A$

2.5　电阻、电感、电容串联电路及串联谐振

2.5.1　电路分析

R、L、C 三种组件组成的串联电路如图 2-21 所示。若电路中流过正弦电流

$$i = \sqrt{2}I \sin \omega t$$

图 2-21 R、L、C 串联电路

则各组件上对应的电压有效值为

$$U_R = IR, \ U_L = IX_L, \ U_c = IX_c$$

总电压的有效值矢量应为各段电压有效值矢量之和。

$$U = U_R + U_L + U_c$$

且 u_R 与电流 i 同相，u_L 超前于 $i90°$，u_C 滞后于 $i90°$，电压、电流矢量图如图 2-22 所示。从矢量图可得总电压有效值为

$$\sqrt{U_R^2 + (U_L - U_c)^2} = 1\sqrt{R^2 + (X_L - X_c)^2} = IZ \tag{2-31}$$

式 (2-31) 中，$Z = \sqrt{R^2 + (X_L - X_c)^2} = \sqrt{R^2 + X^2}$ 称为电路阻抗，$X = X_L - X_c$ 称为电路的电抗。阻抗和电抗的单位都是 Ω。

电路中总电压和电流的相位差为

$$\phi = \arctan(U_L - U_c) / U_R = \arctan(X_L - X_c) / R \tag{2-32}$$

从式 (2-32) 可以看出：

①当 $X_L > X_c$ 时，$\phi > 0$，总电压超前于电流 [见图 2-22(a)]，c 电路属感性电路。

②当 $X_L < X_c$ 时，$\phi < 0$，总电压滞后于电流 [见图 2-22(b)，电路属容性电路。

③当 $X_L = X_c$ 时，$\phi = 0$，总电压和电流同相位 [见图 2-22(c)]，电路属阻性电路，这种现象称为谐振。

(a) 感性电路　　　(b) 容性电路　　　(c) 阻性电路

图 2-22　电感、电容、电路相位分析

2.5.2　串联谐振

1. 谐振条件和谐振频率

如上所述，在 R、L、C 串联电路中，当 $X_L = X_C$ 时，电路中总电压和电流同相位，这时电路中产生谐振现象，所以，$X_L = X_C$ 便是电路产生谐振的条件。

因为 $X_L = X_C$，又知 $X_L = 2\pi fL$ [见式(2-13)]，$X_C = 1/2\pi fC$ [见式(2-19)]，故

$$2\pi f_0 L = 1/2\pi f_0 C$$

所以谐振时的频率 f_0 为

$$f_0 = 1/2\pi\sqrt{LC} \tag{2-33}$$

2. 串联谐振时的电路特点

①总电压和电流同相位，电路呈电阻性。

②串联谐振时电路阻抗最小，电路中电流最大。

串联谐振时电路阻抗为

$$Z_0 = \sqrt{R^2 + (X_L - X_C)^2} = R \tag{2-34}$$

串联谐振时的电流为

$$I_0 = U/Z_0 = U/R \tag{2-35}$$

③串联谐振时，电感两端电压、电容两端电压可以比总电压大许多倍。

电感电压为

$$U_L = IX_L = (X_L/R)U = QU$$

电容电压为

$$U_C = IX_C = (X_C/R)U = QU$$

可见，谐振时电感（或电容）两端的电压是总电压的 Q 倍，Q 称为电路的品质因数。

$$Q = X_L/R = X_C/R = \omega_0 L/R = \frac{1}{\omega_0 CR} \tag{2-36}$$

在电子电路中经常用到串联谐振，例如某些收音机的接收回路便用到串联谐振。在电力线路中应尽量防止谐振发生，因为谐振时电容、电感两端出现的高压会使设备损坏。

2.6 感性负载和电容器的并联电路——功率因数的补偿

2.6.1 电路的功率因数

功率因数是用电设备的一个重要技术指标。电路的功率因数由负载中包含的电阻与电抗的相对大小决定。纯电阻负载 $\cos\phi=1$，纯电抗负载 $\cos\phi=0$；一般负载的 $\cos\phi$ 在 0~1 之间，而且多为感性负载。例如常用的交流电动机便是一个感性负载，满载时功率因数为 0.7~0.9，而空载或轻载时功率因数较低。

功率因数过低，会使供电设备的利用率降低，输电线路上的功率损失与电压损失增加。下面通过实例来说明这个问题。

【例 2.8】 某厂供电变压器至发电厂之间输电线的电阻 r 是 5Ω，发电厂以 10 000V 的电压输送 500kW 的功率。当 $\cos\phi=0.6$ 时，问输电线上的功率损失是多大？若将功率因数提高到 0.9，每年可节约多少电？

解：当 $\cos\phi=0.6$ 时，输电线上的电流为

$$I=P/U\cos\phi=(500\times10^3)/(10^4\times0.6)\approx83A$$

输电线上的功率损失为

$$P_{损}=I^2r=83^2\times5\approx34.5kW$$

当 $\cos\phi=0.9$ 时，输电线上的电流为

$$I'=P/U\cos\phi=(500\times10^3)/(10^4\times0.9)\approx55.6A$$

输电线上的功率损失为

$$P'_{损}=I'^2r=55.6^2\times5\approx15.5kW$$

一年共有 365×24=8760 小时，当 $\cos\phi$ 从 0.6 提高到 0.9 后，节约的电能为

$$W=(P_{损}-P'_{损})\times8760=(34.5-15.5)\times8760\approx166\,440kW\cdot h$$

即每年可节约用电 16.6 万度。

从以上例子可见，提高功率因数，可以充分利用供电设备的容量，而且可以减少输电线路上的损失。下面介绍提高功率因数的方法。

2.6.2 感性负载和电容器的并联电路

常用的提高功率因数的方法，是在感性负载两端并联容量合适的电容器。这种方法不会改变负载原有的工作状态，但负载的无功功率从电容支路得到了补偿，从而提高了功率因数。感性负载和电容器的并联电路如图 2-23 所示。由图 2-23 可知

$$Z_1 = \sqrt{R^2 + X_L^2}$$

Z_1 支路电流为

$$I_1 = \frac{U}{Z_1} = \frac{U}{\sqrt{R^2 + X_L^2}}$$

i_1 滞后于总电压 u 的电角为 $\phi_1 = \arccos \dfrac{R}{Z_1}$，电容 C 支路的电流为 $I_C = \dfrac{U}{X_C}$，电路总电流

为 $I = I_1 + I_C$。

值得注意的是：由于相位不同，故总电流 I 的有效值应从 I_1 和 I_C 的矢量和求得。根据电流矢量试画出该电路电流、电压矢量图如图 2-24 所示，并联电路取总电压为参考矢量。

图 2-23　感性负载与电容器并联电路　　　　图 2-24　电流、电压矢量图

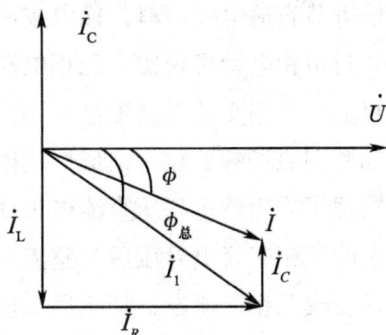

感性负载中的电流 $\vec{I_1}$ 可以分解成两个分量，其中与电压同相位的 $\vec{I_R}$ 称为有功分量，另一个滞后于电压 $\pi / 2$ 电角的 $\vec{I_L}$ 称为无功分量，它们的大小分别是

$$I_R = I_1 \cos \phi_1, \quad I_L = I_1 \sin \phi_1$$

从矢量图求出总电流的有效值为

$$I = \sqrt{I_R^2 + (I_L - I_C)^2}$$

总电流与电压的相位差为

$$\phi = \arctan \frac{I_L - I_C}{I_R}$$

根据矢量图，讨论以下几种情。

①当 $I_L > I_C$ 时，电路的总电流滞后于电压，此时电路呈感性；

②当 $I_L < I_C$ 时，电路的总电流超前于电压，此时电路呈容性；

③当 $I_L = I_C$ 时，电路的总电流与电压同相位，$\phi = 0$ 此时电路呈电阻性，这种情况称为并联谐振（或电流谐振）。并联谐振时，电路的阻抗最大，总电流最小。

2.7　三相交流电路

目前，电能的产生、输送和分配，基本都采用三相交流电路。三相交流电路就是由三个频率相同，最大值相等，相位上互差120°电角的正弦电动势组成的电路。这样的三个电动势称为三相对称电动势。

广泛应用三相交流电路，是因为它具有以下优点：

①在相同体积下，三相发电机输出功率比单相发电机大。

②在输送功率相等、电压相同、输电距离和线路损耗都相同的情况下，三相制输电比单相输电节省输电线材料，输电成本低；

③与单相电动机相比，三相电动机结构简单，价格低廉，性能良好，维护使用方便。

目前，三相交流电路虽已得到广泛的应用，但在输送交流电的过程中，由于电流的交变引起周围磁场的变化，造成对周围通信线路的干扰，而且输电线路上的损耗仍比较大，因此出现了采用输送高压直流电来代替输送交流电的趋势。输送高压直流电，就是将发电机发出的三相交流电升压后，整流成高压直流电，经输电线路输送到终端后，再将高压直流电逆变成三相交流电，降压后供用户使用。从葛洲坝到上海的输电线路，便是采用了这种形式。

2.7.1　三相交流电动势的产生

在三相交流发电机中，定子上嵌有三个具有相同匝数和尺寸的绕组 AX、BY、CZ。其中 A、B、C 分别为三个绕组的首端，X、Y、Z 分别为绕组的末端。绕组在空间的位置彼此相差120°（两极电机）。

当转子磁场在空间按正弦规律分布、转子恒速旋转时，三相绕组中将感应出三相正弦电动势 e_A，e_B，e_C，分别称作 A 相电动势、B 相电动势和 C 相电动势。它们的频率相同，振幅相等，相位上互差120°电角。

规定三相电动势的正方向是从绕组的末端指向首端。三相电动势的瞬时值为

$$e_A = E_m \sin \omega t$$

$$e_B = E_m \sin(\omega t - 120°)$$

$$e_C = E_m \sin(\omega t - 240°)$$

$$= E_m \sin(\omega t + 120°)$$

其波形图、矢量图分别如图 2-25(a)、(b) 所示。任一瞬时，三相对称电动势之和为零，即

$$e_A + e_B + e_C = 0$$

(a) 三相电动势波形图　　　　　　　　(b) 矢量图

图 2-25　三相交流电动势

2.7.2　三相电源的连接

三相发电机的三个绕组连接方式有两种，一种叫星形（Y）接法，另一种叫三角形（△）接法。

1. 星形（Y）接法

若将电源的三个绕组末端 X、Y、Z 连在一点 O，而将三个首端作为输出端，如图 2-26 所示，则这种连接方式称为星形接法。

在星形接法中，末端连接点称为中点，中点的引出线称为中线（或零线），三绕组首端的引出线称作端线或相线（俗称火线）。这种从电源引出四根线的供电方式称为三相四线制。

在三相四线制中，端线与中线之间的电压 u_A、u_B、u_C 称为相电压，它们的有效值用 U_A、U_B、U_C 或 $U_{相}$ 表示。当忽略电源内阻抗时 $U_A = E_A$，$U_B = E_B$，$U_C = E_C$，且相位上互差 120° 电角，所以三相相电压是对称的。规定 $U_{相}$ 的正方向是从端线指向中线。

在三相四线制中，任意两根相线之间的电压 u_{AB}、u_{BC}、u_{CA} 称作线电压，其有效值用 U_{AB}、U_{BC}、U_{CA} 或 $U_{线}$ 表示，规定正方向由脚标字母的先后顺序标明。例如，线电压 u_{AB} 的正方向是由 A 指向 B，书写时顺序不能颠倒，否则相位上相差 180°。从接线图 2-26 中可得出线电压和相电压之间的关系，其对应的矢量式为

$$\overset{\circ}{U}_{AB} = \overset{\circ}{U}_A - \overset{\circ}{U}_B$$

$$\overset{\circ}{U}_{BC} = \overset{\circ}{U}_B - \overset{\circ}{U}_C$$

$$\overset{\circ}{U}_{CA} = \overset{\circ}{U}_C - \overset{\circ}{U}_A$$

根据矢量表达式可画出三相四线制的电压矢量图，如图 2-27 所示。从矢量图的几何关系可求得线电压有效值为

$$U_{AB} = 2U_A \cos 30° = \sqrt{3} U_A$$

$$U_{BC} = \sqrt{3} U_B$$

$$U_{CA} = \sqrt{3} U_C$$

或 　　　　　　　　　　　　$$U_{线} = \sqrt{3} U_{相} \tag{2-37}$$

式 (2-37) 中：$U_线$ 为三相对称电源线电压的有效值。

$U_相$ 为三相对称电源相电压的有效值。

图 2-26　三相四线电源星形接法　　　图 2-27　三相四线电源星形接法电压矢量图

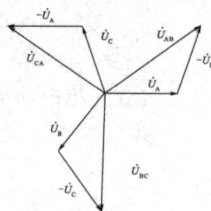

从矢量图还可得出，三个线电压在相位上互差 120°，故线电压也是对称的。

星形连接的三相电源，有时只引出三根端线，不引出中线。这种供电方式称作三相三线制。它只能提供线电压，主要在高压输电时采用。

【例 2.9】　已知三相交流电源相电压 $U_相$=220V，求线电压 $U_线$。

解：线电压

$$U_线=\sqrt{3}U_相=\sqrt{2}\times220\approx380V$$

由此可见，我们平日所用的 220V 电压是指相电压，即火线和中线之间的电压，380V 电压是指火线和火线之间的电压，即线电压。所以，三相四线制供电方式可提供两种电压。

2. 三相电源的三角形（△）接法

除了星形连接以外，电源的三个绕组还可以连接成三角形。即把一相绕组的首端与另一相绕组的末端依次连接，再从三个接点处分别引出端线，如图 2-28 所示。按这种接法，在三相绕组闭合回路中，有

$$e_A+e_B+e_C=0$$

图 2-28　三相电源三角形接法

所以回路中无环路电流。若有一相绕组首末端接错，则在三相绕组中将产生很大环流致使发电机烧毁。

发电机绕组很少用三角形接法，但作为三相电源用的三相变压器绕组，星形和三角形两种接法都会用到。

2.8　三相负载的连接

2.8.1　单相负载和三相负载

用电器按其对供电电源的要求，可分为单相负载和三相负载。工作时只需单相电源供电使用的电器称为单相负载，例如照明灯、电视机、小功率电热器、电冰箱等。

需要三相电源供电才能正常工作的电器称为三相负载，例如三相异步电动机等。

若每相负载的电阻相等，电抗相等而且性质相同的三相负载称为三相对称负载，即 $Z_A = Z_B = Z_C$，$R_A = R_B = R_C$，$X_A = X_B = X_C$；否则称为三相不对称负载。

三相负载的连接方式也有两种，即星形连接和三角形连接。

2.8.2　三相负载的星形连接

三相负载的星形连接如图 2-29 所示，每相负载的末端 x、y、z 接在一点 O'，并与电源中线相连；负载的另外三个端点 a、b、c 分别和三根相线 A、B、C 相连。

在星形连接的三相四线制中，把每相负载中的电流叫相电流 $I_{相}$，每根相线（火线）上的电流叫线电流 $I_{线}$。从图 2-29 所示的三相负载星形连接图可以看出，三相负载星形连接时的特点是：①各相负载承受的电压为对称电源的相电压；②线电流 $I_{线}$ 等于负载相电流 $I_{相}$。下面讨论各相负载中电流、功率的计算。

图 2-29　三相负载的星形连接

1. 三相不对称负载的星形连接

已知三相负载

$$Z_a = \sqrt{R_a^2 + X_a^2},\ Z_b = \sqrt{R_b^2 + X_b^2},\ Z_c = \sqrt{R_c^2 + X_c^2}$$

则每相负载中的电流有效值为

$$I_a = \frac{U_a}{Z_a} = \frac{U_{相}}{Z_a} = \frac{U_{线}}{\sqrt{2}Z_a} \qquad\qquad (2\text{-}38(a))$$

$$I_b = \frac{U_b}{Z_b} = \frac{U_{相}}{Z_b} = \frac{U_{线}}{\sqrt{3}Z_b} \qquad\qquad (2\text{-}38(b))$$

$$I_c = \frac{U_c}{Z_c} = \frac{U_{相}}{Z_c} = \frac{U_{线}}{\sqrt{3}Z_c} \qquad\qquad (2\text{-}38(c))$$

各相负载的电流和电压的相位差为

$$\phi_a = \arccos(R_a / Z_a) \qquad\qquad (2\text{-}39(a))$$

$$\phi_b = \arccos(R_b / Z_b) \qquad\qquad (2\text{-}39(b))$$

$$\phi_c = \arccos(R_c / Z_c) \qquad\qquad (2\text{-}39(c))$$

中线电流瞬时值

$$i_o = i_a + i_b + i_c$$

中线电流的有效值应从三相电流的矢量和求得，即

$$I_o = I_a + I_b + I_c \qquad\qquad (2\text{-}40)$$

【例 2.10】 如图 2-30 所示的三相对称电源，$U_{相}=220V$，将三盏额定电压 $U_N = 220V$ 的白炽灯分别接入 A、B、C 相，已知白炽灯的功率 $P_a = P_b = 60W$，$P_c = 220W$，

(1) 求各相电流及中线电流；

(2) 分析 B 相断路后各灯工作情况；

(3) 分析 B 相断开，中线也断开时的各灯情况。

解：(1) 各相电流：

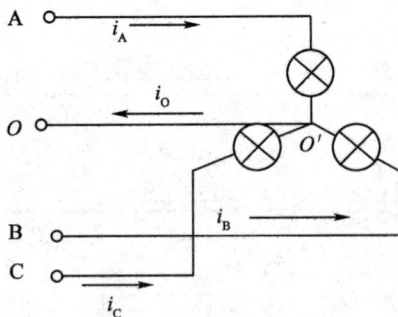

图 2-30 例 2.10 电路接线

$$I_a = I_b = P / U = (60 / 220)A \approx 0.27A$$

且分别与 u_A、u_B 同相位。

$$I_c = P_c / U = (200 / 220)A \approx 0.9A$$

与 u_C 同相位。电压、电流的矢量图如图 2-31 所示。

(a) 电压矢量图　　　　　　　(b) 电流矢量图

图 2-31　例 2.10 矢量图

根据矢量图可得中线电流为

$$I_o = (0.9 - 0.27)A = 0.63A$$

(2) B 相断开，则 $I_b = 0$，B 灯不亮；A 灯两端电压和 C 灯两端电压仍是对称电源相电压，故 A 灯、B 灯正常工作。

(3) B 相断开且中线也断开时，A 灯和 C 灯之间串联，共同承受三相电源的线电压 280V。因为各灯的电阻为

$$R_A = U^2 / P_A = (220^2 / 60)\Omega \approx 807\Omega, R_C = U^2 / P_C = (220^2 / 200)\Omega \approx 242\Omega$$

利用分压关系可计算出 60W 的 A 灯两端电压是 292V，大于额定电压；200W 的 C 灯两端电压是 88V，小于额定电压，故两灯都不能正常工作。

以上几例说明：三相四线制供电时，中线的作用是很大的，中线使三相负载成为三个互不影响的独立回路，甚至在某一相发生故障时，其余两相仍能正常工作。

为了保证负载正常工作，规定中线上不能安装开关和熔丝，而且中线本身的机械强度要好，接头处必须连接牢固，以防断开。

2. 三相对称负载的星形接法

三相对称负载为

$$Z_A = Z_B = Z_C = Z, \quad \phi_a = \phi_b = \phi_c = \arctan \frac{X}{R}$$

且各相负载性质相同。

将三相对称负载在三相对称电源上作星形连接时，三个相电流对称，中线电流为零，即

$$I_a = I_b = I_c = \frac{U_{相}}{Z} = \frac{U_{线}}{\sqrt{3}Z}$$

$$I_o = I_a + I_b + I_c = 0$$

在这种情况下，中线存在与否对系统工作没有影响。

2.8.3　三相对称负载的三角形连接

三相对称负载也可以接成如图 2-32(a) 所示的三角形连接。这时，加在每相负载上的电压是对称电源的线电压。

因为各相负载对称，故各相电流也对称，相电流为

$$I_{ab} = I_{bc} = I_{ca} = \frac{U_{线}}{Z} \tag{2-41}$$

每相电压、电流的相位差为

$$\phi_a = \phi_b = \phi_c = \arctan(X/R)$$

任一端线上的线电流，按基尔霍夫电流定律，写出矢量

$$I_A = I_{ab} - I_{ca} \tag{2-42(a)}$$

$$I_B = I_{bc} - I_{ab} \tag{2-42(b)}$$

$$I_C = I_{ca} - I_{bc} \tag{2-42(c)}$$

作出线电流，相电流的矢量图如图 2-32(b) 所示，从矢量图可得

$$I_{线} = \sqrt{3} I_{\Delta 相} \tag{2-43}$$

(a) 三相负载三角形连接　　　　　　　(b) 矢量图

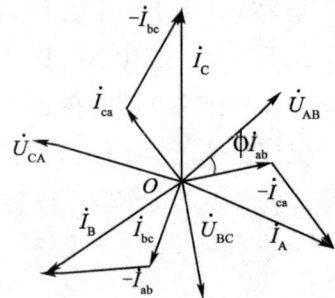

图 2-32　三相对称负载的三角形连接

2.8.4　三相电功率

三相负载的功率，就等于三个单相负载的功率之和，即

$$P = P_a + P_b + P_c$$
$$= U_A I_a \cos \phi_a + U_B I_b \cos \phi_b + U_C I_c \cos \phi_c$$

三相对称负载的三相总功率

$$P = 3 U_{相} I_{相} \cos \phi_{相} \tag{2-44}$$

在三相对称负载的星形接法中

$$I_{线} = I_{相}, \quad U_{线} = \sqrt{3} U_{相}$$

在三相对称负载的三角形接法中

$$U_{线} = U_{相}, \quad I_{线} = \sqrt{3} I_{相}$$

所以三相对称负载的三相总功率还可以写成

$$P = \sqrt{3} U_{线} I_{线} \cos \phi_{相} \tag{2-45}$$

式 (2-44) 和 (2-45) 中：

$U_{线}$ 为线电压；

$I_{线}$ 为线电流；

$\cos \phi_{相}$ 相为每相负载的功率因数。

本章小结

①随时间按正弦规律变化的电动势、电压、电流统称为正弦交流电，简称交流电。最大值、频率和初相称为正弦交流电的三要素，三要素决定后，即可唯一地确定一个正弦量。

②只有相同频率的两个或两个以上的正弦量才能进行相位比较。相位差是两正弦量的初相之差。比较两正弦量的超前与滞后，规定取两矢量间小于 π 的那个相位差角作为判断的依据。

③正弦交流电的有效值与最大值的关系是：$I_{m} = \sqrt{2} I$。

④电路有功功率与视在功率的比值称为功率因数，即 $\cos \phi = P / S$。电路的功率因数过低，将使供电设备容量得不到充分利用，并使输电线路上功率和电压的损失增大。为此，对功率因数过低的电路需进行补偿。由于绝大多数负载为感性负载，故补偿的方法是在感性负载两端并联适当的电容器，使 $\cos \phi$ 提高。

⑤由三个频率相等、最大值相同、相位差互为 120° 电角的电动势组成的电源，称作对称三相交流电源。由对称三相交流电源供电的电路称为对称三相电路。

⑥三相负载在电路中有两种基本连接方式，即星形接法和三角形接法。在对称负载星形接法的三相电路中，线电流就是相电流，线电压是相电压的 $\sqrt{3}$ 倍；在对称负载三角形接法的三相电路中，相电压就是线电压，线电流是相电流的 $\sqrt{3}$ 倍。

⑦三相负载的总功率等于三个单相负载的功率之和。负载对称时，总功率为

$$P = 3 U_{相} I_{相} \cos \phi_{相} = \sqrt{3} U_{线} I_{线} \cos \phi_{相}$$

习　题

1. 两个频率相同的正弦交流电流，它们的有效值是：$I_1 = 8A$，$I_2 = 6A$。求：在下面各种情况下合成电流的有效值。

(1) i_1 与 i_2 同相；

(2) i_1 与 i_2 反相；

(3) i_1 超前于 $i_2 \pi / 2$ 电角；

(4) i_1 滞后于 $i_2 \pi / 3$ 电角。

2. 220V、100W 的电烙铁接在 220V 电源上。要求：

(1) 计算烙铁消耗的功率；

(2) 画出电流、电压矢量图。

3. 把 $C = 140 \mu F$ 的电容器接在 $f = 50 H_z$，$U = 220 V$ 的交流电路中，求：

(1) 计算 X_C 和 I；

(2) 画出电压、电流矢量图。

4. 把 $L = 51 mH$ 的线圈 (线圈电阻极小，可忽略不计) 接在 $f = 50 H_z$，$U = 220 V$ 的交流电路中，求：

(1) 计算 X_L 和 I；

(2) 画出电压、电流矢量图。

5. 有一线圈，接在电压为 48V 的直流电源上，测得其电流为 8A，然后再将这个线圈改接到电压为 120V、50Hz 的交流电源上，测得电流为 12A。试问线圈的电阻及电感各为多大？

6. 在 RLC 串联电路中，已知电源电压为 220V，电阻为 30Ω，感抗为 40Ω，容抗为 80Ω。求：(1) 电路的电流 I；(2) 电路的有功功率 P、无功功率 Q 和视在功率 S。

7. 如图 2-33 所示的电路是一放大器中的耦合电路。已知输入电压 $u_i = \sqrt{2} \sin \omega t$，频率 $f = 1200 H_z$，$C = 0.01 \mu F$，$R = 5.1 k\Omega$。

(1) 求输出电压 u_o

(2) 求输出电压和输入电压的相位差；

(3) 画出电路中电压、电流矢量图。

8. 在图 2-34 所示电路中，已知 $R_1 = 9\Omega$，$X_L = 12\Omega$，$R_2 = 15\Omega$，$X_C = 20\Omega$，电源电压 $U = 120 V$。

(1) 求各支路电流及功率 (S、P、Q)；

(2) 求总电流及总功率；

(3) 画出电路中电压、电流矢量图。

9. 在对称三相电路中，负载作△形连接，已知每相负载均为 $|Z|=50\Omega$，设线电压 $U_L=380V$，试求各相电流和线电流。

10. 在图 2-35 所示电路中，对称负载为△形联接，已知三相电源对称线电压等于 220V，电流表读数等于 17.3A，三相负载的有功功率为 4.5kW，求每相负载的电阻和感抗。

  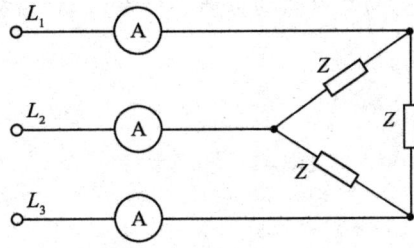

图 2-33　题 2.7 图　　　　图 2-34　题 2.8 图　　　　图 2-35　题 2.10 图

第 3 章　动态电路分析

动态电路就是包含电容或电感元件的电路，分析计算时涉及用微分方程来描述电路，对动态电路的分析，能加深对电路的理解。

本章要点

◆ 动态电路；

◆ RC、RL 电路的零输入响应；

◆ RC、RL 电路的零状态响应；

◆ 一阶电路的全响应。

3.1　动态电路

含有电容或电感的电路，在分析计算时涉及用微分方程来描述电路。把这类电路叫作动态电路。

图 3-1 所示电路，当开关 S 闭合前，电容上未充电，$u_C = 0$，电路处于稳定状态。当把开关 S 合上，经过一段时间 t，得到电容两端电压为 U_S，电路又处于一种新的稳定状态。电路从一个稳定状态变化到一个新的稳定状态，需要一个过渡过程，在这个过程中，电路的电压、电流变动时间短暂，称为暂态或动态，电路叫作动态电路。

图 3-1　动态电路图

电路中开关的闭合或断开，元件参数的改变，都会使电路发生变化，这种情况称为"换路"。如果把换路瞬间的时间记为 $t = 0$，假定换路前的一瞬间记为 $t = 0_-$，把换路后的一瞬间记为 $t = 0_+$，便于对下面问题的讨论。

换路定则

对线性电容元件，电压 u 和电流 i 在关联参考方向下，有 $i = \dfrac{dq}{dt}$，即

$$dq = idt$$

对上式两边积分，在任意时刻 t 得到（设 t_0 为计时起点）

$$q(t) = q(t_0) + \int_{t_0}^{t} i(\xi)d\xi$$

将 $q = Cu$ 代入上式有

$$u(t) = u(t_0) + \frac{1}{C}\int_{t_0}^{t} i(\xi)d\xi \tag{3-1}$$

式 (3-1) 中 t_0 为一指定时间。

假如把换路时间选择为 $t = 0$，换路前的一瞬间记为 $t = 0_-$，换路后的一瞬间记为 $t = 0_+$，则得

$$q(0_+) = q(0_-) + \int_{0_-}^{0_+} idt$$

$$u_c(0_+) = u_c(0_-) + \frac{1}{C}\int_{0_-}^{0_+} idt$$

如果换路时，流过电容的电流 i 为有限值，式中积分等于零，$\int_{0_-}^{0_+} idt = 0$，得到电容上的电荷、电压不能发生跃变。

$$q(0_+) = q(0_-)$$

$$u_c(0_+) = u_c(0_-)$$

线性电感元件，电压 u 和电流 i 在关联参考方向下，有

$$u = \frac{d\Psi}{dt}$$

$$d\Psi = udt$$

对上式两边积分，在任意时刻 t 得到（设 t_0 为计时起点）

$$\Psi(t) = \Psi(t_0) + \int_{t_0}^{t} ud\xi \tag{3-2}$$

将 $\Psi = Li$ 代入上式，有

$$i(t) = I(t_0) + \frac{1}{L}\int_{t_0}^{t} ud\xi \tag{3-3}$$

式 (3-3) 中 t_0 为一指定时间。

假如把换路时间选择为 $t = 0$，换路前的一瞬间记为 $t = 0_-$，换路后的一瞬间记为 $t = 0_+$，则得

$$\Psi(0_+) = \Psi(0_-) + \int_{0_-}^{0_+} udt$$

$$i(0_+) = i(0_-) + \frac{1}{L}\int_{0_-}^{0_+} udt$$

如果换路时，电感两端电压 u 为有限值，式中积分等于零，$\int_{0_-}^{0_+} udt = 0$，电感中的磁

通链和电流不能发生跃变。

$$\Psi(0_+) = \Psi(0_-)$$

$$i_L(0_+) = i_L(0_-)$$

通过上面分析，换路定则叙述如下：对电容来说，当通过电容元件的电流为有限值时，在换路瞬间，$q(0_+) = q(0_-)$，$u_C(0_+) = u_C(0_-)$；对电感元件来说，当电感两端的电压为有限值时，在换路瞬间，$\Psi(0_+) = \Psi(0_-)$，$i_L(0_+) = i_L(0_-)$。

3.2 RC、RL 电路的零输入响应

当线性电路中仅含有一个动态元件（电容或电感），用一阶微分方程来描述电路，这个电路称为一阶电路。当外施电源为零时，仅由电容或电感元件初始储存的能量在电路中产生的电压或电流（响应）称为电路的零输入响应。

下面将分析 RC、RL 电路的零输入响应。

3.2.1 ＲＣ电路的零输入响应

在图 3-2 所示的 RC 电路中，开关 S 合上前电容已充电，$u_C(0_-) = U_0$，外施电源为零，求开关合上后电路的零输入响应

下面来分析这个问题：

a）根据基尔霍夫电压定律，找到开关合上后 $t \geqslant 0_+$，此时电压的关系式：

$$u_C = u_R$$

$$u_C = Ri$$

b）以待求量 u_C 为未知量，建立微分方程

图 3-2 RC 电路零输入响应

$i = -C\dfrac{du_C}{dt}$，电容两端电压 u_C 与电流 i 参考方向相反，如图 3-2 所示，得

$$RC\frac{du_C}{dt} + u_C = 0$$

根据数学方程解的形式 $u_C = Ae^{pt}$ 代入上式，得

$$RCpAe^{pt} + Ae^{pt} = 0$$

$$p = -1/RC$$

c）根据换路定则，有

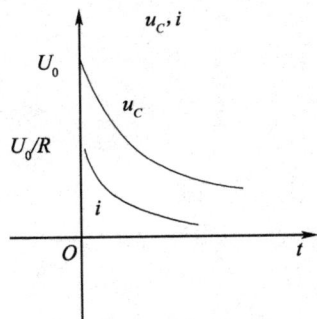

$$u_c = (0_+) = uc(0_-) = U_0$$

定积分常数

$$A = U_0$$

得

$$u_c = U_0 e^{-t/RC}$$

式中 RC 称作时间常数，用 T 来 t 表示，T 与 R 成正比。

$$u_c = U_0 e^{-\frac{t}{T}}$$

$$i = -C\frac{du_c}{dt} = U_0 / R\, e^{-\frac{t}{T}}$$

$$u_a = u_c = U_0 e^{-\frac{t}{T}}$$

图 3-3　u_C、i 随时间变化曲线

u_C、i 随时间的变化曲线如图 3-3 所示。

3.2.2　RL 电路的零输入响应

RL 电路零输入响应的分析方法与 RC 电路相同。

在图 3-4 中，开关由 1 合向 2 前，$i_L(0_-) = U_s / R_1 = I_0$，在 $t = 0$ 时，开关由 1 合向 2，求合向 2 后，RL 电路的零输入响应。

下面来分析这个问题：

a）根据基尔霍夫电压定律，找到开关由 1 合向 2 后，$t \geq 0_+$ 时，电压的关系式。

b）以待求量 i 为未知量，建立微分方程。因 $u_L = L\dfrac{di}{dt}$，图 3-4 电感两端电压 u_L 与电流 i 参考方向一致，得

$$L\frac{di}{dt} + Ri = 0$$

根据数学解的形或 $I = Ae^{pt}$ 代入上式，有

$$LpAe^{pt} + RAe^{pt} = 0$$

得

$$p = -R / L$$

c）根据换路定则，$i_L(0_+) = i_L(0_-) = I_0$，定积分常数 $A = I_0$

得

$$I = I_0 e^{-\frac{R}{L}t}$$

定义式中，T = L / R 为时间常数，T 与 R 成反比。

$$I = I_0 e^{-\frac{R}{T}}$$

$$u_L = L\frac{di}{dt} = -RI_0 e^{-\frac{t}{T}}$$

$$u_R = Ri = RI_0 e^{-\frac{t}{T}}$$

i、u_L、u_R 随时间的变化曲线如图 3-5 所示。

图 3-4 RL 电路零输入响应   图 3-5 i、u_L、u_R 随时间变化曲线

3.3 RC、RL 电路的零状态响应

在一阶电路中,当外加电源不为零,而电容或电感元件初始储存的能量为零,在电路中产生的电压电流(响应)称为电路的零状态响应。下面将分析 RC、RL 电路的零状态响应。

3.3.1 RC 电路的零状态响应

在图 3-6 中,已知开关合上前电容处于零状态,$u_c(0_-) = 0$,求开关合上后电路的零状态响应。

图 3-6 RC 电路零状态响应

a)根据基尔霍夫电压定律,找到开关合上后 $t \geq 0_+$ 时,电压的关系式

$$u_R + u_C = U_S$$

b)以待求量 u_c 为未知量,建立微分方程,因 $i = C\frac{du_c}{dt}$,如图 3-6 所示。电容两端电压与电流参考方向一致,得

$$RC\frac{du_c}{dt} + u_c = U_S$$

根据数学得知，方程解由两部分组成，即齐次微分方程的通解 u''_c 和非齐次微分方程的特解 u'_c。

$$RC\frac{du''_c}{dt}+u''_c=0$$

通解为

$$u''_c=Ae^{-t/RC}$$

$$RC\frac{du'_c}{dt}+u'_c=U_S$$

特解为

$$u'_c=U_S$$

由上可见，特解为电路的稳态解。

得到

$$u_c(t)=U_s+Ae^{-t/RC}$$

c）根据换路定则，$u_c(0_+)=u_c(0_-)=0$

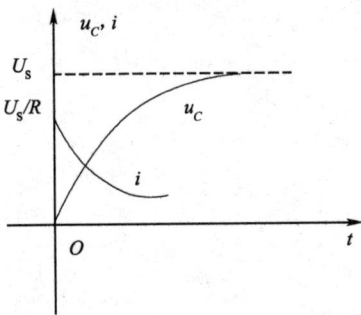

$$0=U_s+A$$

$$A=-U_s$$

$$u_c=U_s-U_se^{-t/RC}$$

$$u_c=U_s(1-e^{-\frac{t}{T}})$$

$$i=C\frac{du_c}{dt}=(U_s/R)e^{-\frac{t}{T}}$$

图 3-7 u_C 、i 随时间的变化曲线

u_c 、i 随时间的变化曲线，如图 3-7 所示。

3.3.2 RL 电路的零状态响应

在图 3-8 中，已知电感线圈在开关合上前，电流的初值为 $i_L(0_-)=0$，求开关合上后，电路的零状态响应。

图 3-8 RL 电路的零状态响应

a）根据基尔霍夫电压定律，找到开关合上后 $t \geqslant 0_+$ 时，电压的关系式

$$u_R + u_L = U_s$$

b) 以待求量 i 为未知量，建立微分方程，因 $u_L = L\dfrac{di}{dt}$，如图 3-8 所示。电感两端电压与电流参考方向一致，得

$$L = \frac{di_L}{dt} + Ri_L = U_s$$

根据数学得知，方程解由两部分组成，即齐次微分方程的通解 i''_L 和非齐次微分方程的特解 i'_L。

$$L\frac{di''_L}{dt} + Ri''_L = 0$$

通解为

$$i''_L = Ae^{-Rt/L}$$

$$L\frac{di'_L}{dt} + Ri'_L = U_s$$

特解为

$$i'_L = U_s / R$$

由上可见，特解为电路的稳态解。
得到

$$i_L = U_s / R + Ae^{-Rt/L}$$

c）根据换路定则

$$i_L(0_+) = i_L(0_-) = 0$$

$$0 = U_s / R + A$$

$$A = -U_s / R$$

得到

$$i_L = U_s / R - (U_s / R)e^{-Rt/L}$$

$$i_L = U_s / R(1 - e^{-\frac{t}{\tau}})$$

3.4 一阶电路的全响应

假如一阶电路的电容或电感的初始值不为零，同时又有外加电源的作用，这时电路的响应成为一阶电路的全响应。

在前面分析 RC 和 RL 电路的零输入和零状态响应，用的是经典法。在讨论时，注重分析问题的思路、方法。

下面介绍用三要素法求一阶电路的全响应

定义一阶电路的全响应为 $f(t)$（电压或电流），初始值为 $f(0_+)$，稳态值（特解）为 $f(\infty)$。

下面的关系式

$$f(t) = f(\infty) + \left[f(0_+) - f(\infty)\right]e^{-\frac{t}{T}} \qquad (t \geq 0_+) \qquad (3-4)$$

在式(3-4)中只要知道 $f(0_+)$、$f(\infty)$、T 这三个要素就可以简便地求解一阶电路在外施电源（激励）作用下的响应。用式(3-3)求一阶电路的响应，叫作三要素法。

【例3.1】 电路如图3-9所示，$t = 0$ 时，开关闭合前，电路已达稳态，求开关闭合后的电压 $u_c(t)$。

解：用三要素法

开关 S 闭合前电路已达稳态，

$$u_c(0_-) = 25V$$

开关闭合瞬间

$$u_c(0_+) = u_c(0_-) = 25V$$

电路在开关闭合后 $t = \infty$ 时

$$u_c(\infty) = (25/5) \times 3V = 15V$$

用戴维南定理求电路等效电阻

$$R = \frac{2 \times 3}{5}\Omega = 1.2\Omega$$

$$T = RC = 1.2 \times 0.25 = 0.3s$$

得到

$$u_c(t) = (15 + 10e^{-3.33t})V$$

图 3-9 例 3.1 图

本章小结

本章重点掌握和了解的几个问题。

①电压电流在关联参考方向下对电容有 $i_c = C\dfrac{du_c}{dt}$，对电感有 $u_L = L\dfrac{di_L}{dt}$，由于电压和电流是微分关系，所以电容、电感元件叫作动态元件，也叫作储能元件，因为它们可以储存电能。用一阶微分方程来描述的电路叫作一阶电路。

②换路定则在换路的瞬间：

对电容 C，i_C 为有限值，则 $u_c(0_+) = u_c(0_-)$，$q(0_+) = q(0_-)$；

对电感 L，u_L 为有限值，则 $i_L(0_+) = i_L(0_-)$，$\Psi(0_+) = \Psi(0_-)$。

③用三要素法，可以比较简便地求解一阶电路的响应。

关系式为

$$f(t) = f(\infty) + \left[f(0_+) - f(\infty)\right]e^{-t/\mathrm{T}} \qquad (t \geq 0_+)$$

习　题

1. 在图 3-10 所示电路中，已知 $R_1 = R_2 = 10\Omega$，$U_s = 2V$，求开关在 $t = 0$ 闭合瞬间的 $i_L(0_+)$，$i(0_+)$，$u_L(0_+)$。

2. 电路如图 3-11 所示，开关 S 闭合前，电路处于稳态，开关 S 在 $t = 0$ 时闭合，求 $i_1(0_+)$，$i_2(0_+)$，$i_3(0_+)$，$u_c(0_+)$，$u_L(0_+)$。

图 3-10　题 3.1 图　　　　　图 3-11　题 3.2 图

3. 如图 3-12 所示，电路 $t < 0$ 时，已达稳态，$t = 0$ 时开关打开，开关打开瞬间 10Ω 电阻两端电压 $u(0_+)$ 为多少？

4. 在图 3-13 所示电路中，开关未动作前，电容已充电 $u_c(0_-) = 100V$，$R = 400\Omega$，$C = 0.1\mu F$，在 $t = 0$ 时把开关闭合，求电压 u_C 和电流 i。

图 3-12　题 3.3 图　　　　　图 3-13　题 3.4 图

5. 在图 3-14 所示电路中，已知 $U_s = 10V$，$R_1 = 2k\Omega$，$R_2 = R_3 = 4k\Omega$，$L = 200mH$，开关未打开前电路已处于稳定状态，$t = 0$ 时，把开关打开，求电感中的电流。

6. 在图 3-15 所示电路中，在 $t = 0$ 时，合上开关，求开关合上后，电路的时间常数。

图 3-14　题 3.5 图

图 3-15　题 3.6 图

7. 电路如图 3-16 所示，$t < 0$ 时，开关与 "1" 端闭合，并已达稳态，$t = 0$ 时，开关由 "1" 端转向 "2" 端，求 $t \geqslant 0$ 时的 i_L。

8. 图 3-17 所示电路中，$t < 0$，已达稳定状态，$t = 0$ 时合上开关，求 $u_C(t)$。

图 3-16　题 3.7 图

图 3-17　题 3.8 图

第4章 磁路与变压器

在很多电工设备(像变压器、电机、电磁铁等)中,不仅有电路的问题,同时还存在磁路的问题。只有同时掌握了电路和磁路的基本理论,才能对上述各种电工设备进行全面的分析。

本章要点

◆ 磁路的基本物理量;

◆ 变压器的结构和工作原理。

4.1 铁芯线圈、磁路

工程应用实际中,大量的电气设备都含有线圈和铁芯。当绕在铁芯上的线圈通电后,铁芯就会被磁化而形成铁芯磁路,磁路又会影响线圈的电路。因此,电工技术不仅有电路问题,同时也有磁路问题。常见的磁路如图 4-1 所示。

(a)电磁铁的磁路　　(b)变压器的磁路　　(c)直流电机的磁路

图 4-1 三种常见磁路

4.1.1 磁路的基本物理量

线圈通电后使铁芯磁化,形成铁芯磁路,如图 4-2 所示。

图 4-2 磁路

1. 磁通

通过磁路横截面的磁力线总量称为磁通，用"Φ"来表示。单位是韦伯 [Wb]。

均匀磁场中，磁通 Φ 等于磁感应强度 B 与垂直于磁场方向的面积 S 的乘积，即

$$\Phi=BS$$

磁通是标量。其大小反映了与磁场相垂直的某个截面上的磁场强弱情况。磁通的国际单位制中还有较小的单位称为麦克斯韦 $[Mx]$，韦伯和麦克斯韦之间的换算关系为

$$1Wb=10^{8}Mx$$

2. 磁感应强度

磁感应强度是表征磁场中某点强弱和方向的物理量。用大写字母"B"表示。B 是矢量，B 的方向就是置于磁场中该点小磁针 N 极的指向。匀强磁场中，B 的大小可用载流导体在磁场中所受到的电磁力来定义。即

$$B=\frac{F}{Il}$$

上式中，电磁力 F 的单位是牛顿 $[N]$、电流的单位是安培 $[A]$、导体的有效长度（与磁场方向相垂直方向的长度投影）单位是米 $[m]$ 时，磁感应强度 B 的单位是特斯拉 $[T]$。

由 $\Phi=BS$ 可知，匀强磁场中某截面 S 上 B 值越大，穿过该截面上的磁力线总量越多。因此，磁感应强度也常称为磁通密度。

3. 磁导率 μ

磁导率是反映自然界物质导磁能力的物理量，用希腊字母"μ"表示。物质的种类很多，且导磁能力也各不相同，为了有效地区别它们各自的导磁能力，我们引入一个参照标准——真空的磁导率 μ_0：

$$\mu_0=4\pi\times10^{-7}H/m$$

自然界中各种物质的磁导率均与真空的磁导率相比，可得到不同的比值，我们把这个比值称为相对磁导率，用"μ_r"表示，即

$$\mu_r=\frac{\mu}{\mu_0}$$

显然，相对磁导率无量纲，其值越大，表明该类物质的导磁性能越好；反之，导磁性能越差。

根据相对磁导率 μ_r 值的不同，自然界的物质大致可分为两大类。①非磁性物质：如空气、塑料、铜、铝、橡胶等。这些物质的导磁能力很差，磁导率均与真空的磁导率非常接近，它们的相对磁导率均约等于 1。非磁性物质的磁导率可认为是常量。②铁磁性物质：如铁、镍、钴、钢及其合金等。这些物质的导磁能力非常强，其磁导率一般为真空的几百、几千乃至几万、几十万倍。如铸铁，其相对磁导率 $\mu_r\approx200\sim400$；铸钢的相对磁导率 $\mu_r\approx500\sim2200$；硅钢的 $\mu_r\approx7000\sim10\,000$；坡莫合金的 $\mu_r\approx20\,000\sim200\,000$；显然，

铁磁物质的磁导率不是常量，而是一个范围，即随外部条件变化。铁磁性物质的相对磁导率大于1。

4. 磁场强度

磁场强度也是表征磁场中某点强弱和方向的物理量，用大写字母"H"表示。H 也是矢量，H 的方向也是置于磁场中该点小磁针 N 极的指向。磁感应强度是描述磁路介质的磁场某点强弱和方向的物理量，与介质的导磁率有关；磁场强度是描述电流的磁场强弱和方向的物理量，与介质的导磁率无关。它们之间的关系为

$$H = \frac{B}{\mu}(A/m)$$

4.1.2　磁路欧姆定律

交流铁芯线圈磁路通常由硅钢片叠压制成，导磁率很高。当套在铁芯上的线圈通电后，铁芯迅速被磁化，成为一个人为集中的强磁场。电流通过 N 匝线圈所形成的磁动势用 $F_m = NI$ 表示，磁路对磁通所呈现的阻碍作用以磁阻 R_m 表示，磁动势、磁通和磁阻三者之间的关系可表述为

$$\Phi = \frac{F}{R_m} = \frac{IN}{R_m}$$

其中磁组为 $R_m = \frac{l}{\mu S}$，磁路欧姆定律中的磁阻 R_m 与磁导率 μ 有关，因此对铁芯磁路来讲，磁阻 R_m 是一个变量，定量计算很复杂，因此没有电路欧姆定律应用得那么广泛，通常只用来定性分析磁路的情况。

4.1.3　铁磁物质的磁性能

铁磁材料之所以具有高导磁性。是因为在其内部具有一种特殊的物质结构——磁畴。这些磁畴相当于一个个小磁铁，如图 4-3 所示。

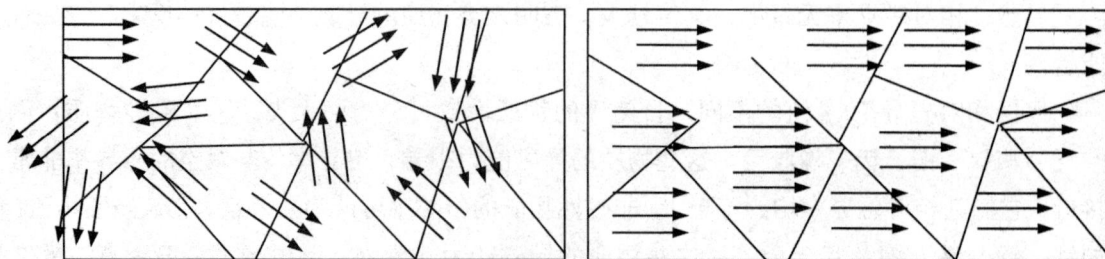

图 4-3　铁磁物质的磁畴与磁化

1. 高导磁性

通常情况下，铁磁材料内部的磁畴排列杂乱无章，其磁性相互抵消，因此对外不显示磁性。

有外磁场作用时，磁畴在外界磁场的作用下，均发生归顺性转向，使得铁磁材料内部形成一个很强的附加磁场。铁磁材料内部往往有相邻的几百个分子电流圈流向一致，这些分子电流产生的磁场叠加起来，就形成了一个个天然的小磁性区域——磁畴。不同铁磁物质内部磁畴的数量不同。显然，磁畴是由分子电流产生的。

2. 铁磁材料的磁饱和性、磁滞性和剩磁性

铁磁材料反复磁化一周所构成的曲线称为磁滞回线。磁滞回线中 B 的变化总是落后于 H 的变化说明铁磁材料具有磁滞性。磁滞回线中 H 为零时，B 并不为零的现象说明铁磁材料具有剩磁性。起始磁化曲线的 ab 段反映了铁磁材料的高导磁性；c 点以后说明铁磁材料具有磁饱和性，磁滞回线示意图如图 4-4 所示。

4.1.4　铁磁材料的分类和用途

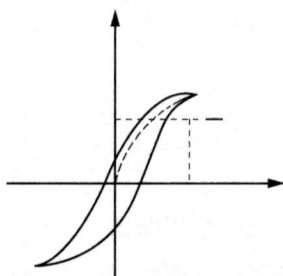

图 4-4　磁滞回线

铁磁材料根据工程上用途的不同可以分为三大类：

①软磁材料：软磁材料具有磁导率很高、易磁化、易去磁的显著特点，适用于制作各种电机电器的铁芯。

②硬磁材料：硬磁材料的磁导率不太高，但一经磁化能保留很大剩磁且不易去磁，适用于制作各种永久磁体。

③矩磁材料：矩磁材料磁导率极高，磁化过程中只有正、负两个饱和点，适用于制作各类存储器中记忆元件的磁芯。

4.1.5　铁芯损耗

1. 磁滞损耗

铁磁材料反复磁化时，内部磁畴的极性取向随着外磁场的交变来回翻转，在翻转的过程中，由于磁畴间相互摩擦而引起的能量损耗称为磁滞损耗。磁滞损耗使铁芯发热。

2. 涡流损耗

在交变磁场作用下，整块铁芯中产生的旋涡状感应电流称为涡流。根据电流的热效应原理，涡流通过铁芯时将使铁芯发热，显然涡流增加设备绝缘设计的难度，涡流严重时会造成设备的烧损。为减小涡流损耗，常用硅钢片叠压制成电机电器的铁芯。

4.1.6 主磁通原理

对交流铁芯线圈而言，设工作主磁通为

$$\Phi = \Phi_m \sin \omega t$$

交变磁通穿过线圈时，在线圈中感应电压，其值为

$$u_L = N \frac{\mathrm{d}\Phi_m \sin \omega t}{\mathrm{d}t} = \Phi_m N \omega \cos \omega t$$
$$= 2\pi f N \Phi_m \sin(\omega t + 90°)$$
$$= U_m \sin(\omega t + 90°)$$

可得

$$U \approx 4.44 f N \Phi_m$$

主磁通原理告诉我们：只要外加电压有效值及电源频率不变，铁芯中工作主磁通最大值 Φ_m 也将维持不变。

4.2 变压器的基本结构和工作原理

4.2.1 变压器的基本结构

变压器的主体是由铁芯和绕组两大部分构成的。用硅钢片叠压成的变压器铁芯，与电源相接的为一次侧绕组，与负载相接的为二次侧绕组。变压器的绕组与绕组之间、绕组与铁芯之间均相互绝缘。变压器结构原理图如图 4-5 所示。

图 4-5 变压器结构原理图

4.2.2 变压器的工作原理

1. 变压器的空载运行与变换电压原理

交变的磁通穿过 N_1 和 N_2 时，分别在两个线圈中感应电压

$$U_{L1} = 4.44 f N_1 \Phi_m$$

$$U_{M2} = 4.44 f N_2 \Phi_m$$

有

$$U_1 \approx U_{L1} = 4.44 f N_1 \Phi_m$$

$$U_{20} = U_{M2} = 4.44 f N_2 \Phi_m$$

计算它们的比值

$$\frac{U_1}{U_{20}} \approx \frac{4.44 f N_1 \Phi_m}{4.44 f N_2 \Phi_m} = \frac{N_1}{N_2} = k$$

式中，k 称为变压比，简称变比。显然，改变线圈绕组的匝数即可实现电压的变换，且 $k>1$ 时为降压变压器；$k<1$ 时为升压变压器。

2. 变压器的有载运行与变换电流原理

变压器负载运行时，一次侧电流由 i_0 变为 i_1，二次侧产生负载电流 i_2，而电压 u_{20} 相应变为 u_2。

变压器负载运行时，二次侧电流 i_2 产生副边磁动势 $I_2 N_2$，该磁动势对 $I_0 N_1$ 起削弱作用。变压器的负载运行如图 4-6 所示。

图 4-6 变压器的负载运行

根据主磁通原理，只要电源电压和频率不变，铁芯中的工作主磁通 Φ 的数值将维持不变。因此，原边电流 i_0 相应增大为 i_1，原边磁动势也增大为 $I_1 N_1$，增大的部分恰好与二次侧磁动势相平衡。此时的磁动势方程式为

$$I_0 N_1 = I_1 N_1 - I_2 N_2$$

磁动势平衡方程式告诉我们：变压器二次侧电流 i_2 的大小是由负载决定的，但二次侧的能量来源于一次侧，两侧电路并没有直接的电的联系，而是通过磁耦合把能量从原边传递到副边。

变压器铁芯的导磁率很高，因此满足工作主磁通需要的磁动势 I_0N_1 很小，和 I_1N_1 相比可忽略不计，所以磁动势平衡方程式又可改为

$$I_1N_1 - I_2N_2 \approx 0$$

由上式可得

$$\frac{I_2}{I_1} \approx \frac{N_1}{N_2} = k$$

变压器在能量传递的过程中损耗很小，因此一次侧和二次侧的容量近似相等，有

$$I_1U_1 \approx I_2U_2$$

能量传递过程中，变压器在变换电压的同时也变换了电流。

3. 变压器的阻抗变换作用

设变压器副边所接负载为 $|Z_L|$，原边等效输入阻抗为 $|Z_1|$，则有

$$|Z_L| = \frac{U_2}{I_2}, \quad |Z_1| = \frac{U_1}{I_1}$$

将变压器的变压比公式和变流比公式代入上式得

$$|Z_1| = \frac{U_1}{I_1} = \frac{kU_2}{\dfrac{I_2}{k}} = k^2\frac{U_2}{I_2} = k^2|Z_L|$$

上式告诉我们：只要改变变压器的匝数比，即可获得合适的二次侧对一次侧的反射阻抗 $|Z_1|$。

式中，k^2 称为负载阻抗折算到一次侧时的变换系数。

【例 4.1】 设交流信号源电压 $U = 100V$，内阻 $R_0 = 800\Omega$，负载 $R_L = 8\Omega$。

(1) 将负载直接接至信号源，负载获得多大功率？

(2) 经变压器阻抗匹配，求负载获得的最大功率是多少？此时变压器变比是多少？

解：（1）负载直接与信号源相接时，负载上获得的功率为

$$P_L = I^2R_L = \left(\frac{100}{800+8}\right)^2 \times 8 \approx 0.123W$$

（2）阻抗匹配时，负载折算到原绕组的反射阻抗等于 800Ω。因此负载上获得的最大功率为

$$P_{L\max} = \left(\frac{100}{800+800}\right)^2 + 800 = 3.125W$$

变压器的变比为

$$k = \frac{N_1}{N_2} = \sqrt{\frac{|Z_1|}{Z_L}} = \sqrt{\frac{800}{8}} = 10$$

4.2.3　变压器的外特性

变压器输出电压 u_2 随负载电流 i_2 变化的关系称为它的外特性，即 $u_2 = f(i_2)$

外特性可用图 4-7 所示曲线描述。

①负载为纯电阻性质时，$\cos\phi = 1$，输出电压 u_2 随负载电流 i_2
的增加略有下降；

②负载为感性时，u_2 随 i_2 的增加下降的程度加大；

③负载为容性时，输出特性曲线呈上翘状态，说明 u_2 随 i_2 的增
加反而加大。

图 4-7　变压器的外特性

由此可知，负载的功率因数对变压器的外特性影响很大。

4.2.4　电压调整率

变压器外特性变化的程度（如图 4-7 所示），可以用电压调整率 $\Delta U\%$ 来表示。电压
调整率定义为：变压器由空载到额定 I_{2N} 满载时，副边输出电压 U_2 的变化程度。

$$\Delta U\% = \frac{U_{20} - U_{2N}}{U_{20}} \times 100\%$$

电压调整率反映了变压器运行时输出电压的稳定性，是变压器的主要性能指标之一。

4.2.5　变压器的损耗和效率

变压器的损耗有铁耗和铜耗

$$\Delta P = \Delta P_{Cu} + \Delta P_{Fe}$$

变压器工作时由于主磁通不变，因此铁耗也基本维持不变，通常称铁耗为不变损耗；
铜耗 $\Delta P_{Cu} = I_1^2 R_1 + I_2^2 R_2$，随负载电流变化，称为可变损耗。

变压器的效率是指变压器的输出功率 P_2 与输入功率 P_1 的比值，通常用百分数表示，即

$$\eta = \frac{P_2}{P_1} \times 100\% = \frac{P_2}{P_2 + \Delta P_{Fe} + \Delta P_{Ce}} \times 100\%$$

变压器没有旋转部分，因此效率比较高。控制装置中的小型电源变压器的效率通常在
80% 以上；电力变压器的效率一般可达 95% 以上。变压器在运行中需注意，并非运行在
额定负载时效率最高。实践证明，变压器所带负载为满载的 70% 左右时效率最高。因此，
应根据负载情况采用最好的运行方式。譬如控制变压器运行台数、投入适当容量的变压器
等，以使变压器处在高效率情况下运行。

4.3 实用中的常见变压器

4.3.1 电力变压器及其用途

显然，电力变压器主要也是由铁芯和绕组两大部分构成的，另外，加上一些外部辅助和保护设备。

电力变压器的用途

①发电机出口电压一般不太高，因此无法将电能输送到远处。利用变压器变换电压的作用，将发电机出口电压升高，就可达到向远距离输送电能的目的。

③用户不能直接使用传输的高压电。必须利用电力变压器将高压变换为低压配电值，满足各类用户对不同电压的需求。

电力系统中，电力变压器的应用十分广泛，电力变压器对电能的经济传输，合理分配和安全使用也都具有十分重要的意义。

图 4-8 老式电力变压器的结构图

图 4-9　新式电力变压器的结构图

4.3.2　自耦变压器（自耦调压器）

1. 定义

把普通双绕组变压器的高压侧绕组和低压侧绕组相串联，即可构成一台自耦变压器，如图 4-10 所示。

实际应用中，自耦变压器只用一个绕组，原绕组匝数较多，原绕组的一部分兼作副绕组。两者之间不仅有磁的耦合，而且还有电的直接联系。自耦变压器的工作原理和普通双绕组变压器相同。因此，其变比公式与双绕组变压器一样，即

$$\frac{U_1}{U_2} = \frac{N_1}{N_2} = k \qquad \frac{I_1}{I_2} = \frac{N_2}{N_1} = \frac{1}{k}$$

2. 特点

优点：额定容量相同时，自耦变压器与双绕组变压器相比，其单位容量所消耗的材料少、变压器的体积小、造价低，而且铜耗和铁耗都小，因而效率较高。缺点：由于原、副边共用一个绕组，因此当高压侧遭受过电压时，会波及低压侧，为避免危险，需在自耦变压器的原、副边都装设避雷器。自耦调压器不能当作安全变压器来使用。

图 4-10　自耦变压器示意图

4.3.3 仪用互感器

电压互感器和电流互感器又称为仪用互感器，是电力系统中使用的测量设备，其工作原理与变压器基本相同。

使用仪用互感器的目的：第一，与小量程的标准化电表配合测量高电压、大电流；第二，使测量回路与被测回路隔离，以保障人员和设备的安全；第三，为各类继电保护和控制系统提供控制信号。

1. 电压互感器

电压互感器的原绕组匝数很多，并联于待测电路两端；副绕组匝数较少，与电压表及电度表、功率表、继电器的电压线圈并联。用于将高电压变换成低电压（如图 4-11 所示）。

电压互感器使用注意事项

①电压互感器的副边不允许短路。因为一旦发生短路，副边将产生一个很大的电流，导致原边电流激增，由此将烧坏互感器的绕组。

②电压互感器的副边应当可靠接地。

③电压互感器的副边阻抗不得小于规定值，以减小误差。

2. 电流互感器

电流互感器的原绕组线径较粗，匝数少与待测电路负载串联；副绕组线径细且匝数多，与电流表及电度表、功率表、继电器的电流线圈串联。用于将大电流变换为小电流（如图 4-12 所示）。

电流互感器使用注意事项：

①电流互感器的副边不允许开路。因其原边电流是由被测电路决定的。正常运行时副边相当于短路，具有强烈的去磁作用，所以铁芯中工作主磁通所需的励磁电流相应很小；若副边开路，原边电流全部成为励磁电流而导致铁芯中工作磁通剧增，致铁芯严重饱和过热而烧损，同时因副绕组匝数很多，又会感应出危险的高电压，危及操作人员和测量设备的安全。

②副边阻抗不得超过规定值，以免增大误差。

③电压互感器的副边应当可靠接地。

图 4-11　电压互感器原理图

图 4-12　电流互感器原理图

本章小结

本章重点掌握和了解的几个问题。

①磁路的物理量主要包括磁通量 Φ、磁感应强度 B、磁导率 μ、磁场强度 H。磁路物理量之间满足欧姆定律 $\Phi = \dfrac{F}{R_m} = \dfrac{IN}{R_m}$，其中磁阻 $R_m = \dfrac{l}{\mu S}$。

②铁磁材料根据工程上的不同用途可分为：软磁材料、硬磁材料和矩磁材料。

③变压器的主体由铁芯和绕组两大部分构成。变压器可用来变电压、变电流、阻抗变换。

④常见的变压器有电力变压器、自耦变压器等。

习　题

1. 欲制作一个 220/110V 的小型变压器，能否原边绕 2 匝，副边绕 1 匝？什么？

2. 一台变压器有两个原边绕组，每组额定电压为 110V，匝数为 440 匝，副边绕组匝数为 80 匝，试求：(1) 原边绕组串联时的变压比和原边加上额定电压时的副边输出电压。(2) 原边绕组并联时的变压比和原边加上额定电压时的副边输出电压。

3. 一个交流电磁铁，额定值为工频电 220V，现不慎接在了 220V 的直流电源上，问会不会烧坏？为什么？

4. 变压器能否变换直流电压？为什么？

5. 有一单相变压器，原边电压为 220V，50Hz，副边电压为 44V，负载电阻为 10Ω。试求：(1) 变压器的变压比；(2) 原、副边电流 I_1、I_2；(3) 反射到原边的阻抗。

6. 自耦变压器为什么不能用作安全变压器？

7. 电压互感器和电流互感器在使用过程中都有哪些注意事项？

8. 变压器都有哪些损耗？何谓不变损耗？可变损耗？

9. 有一单相照明变压器，容量为 10KV•A，电压为 3300/220V。今欲在二次绕组接上 60W—220V 的白炽灯，如果要变压器在额定情况下运行，这种电灯可接多少个？

第 5 章　异步电动机及其控制

电动机的作用是将电能转换为机械能，现代各种生产机械都广泛应用电动机来驱动。

本章要点

- ◆ 正弦交流电路的基本概念、基本规律；
- ◆ 三相异步电动机的结构和工作原理；
- ◆ 三相异步电动机的控制；
- ◆ 常用低压电器。

5.1　异步电动机的基本知识

5.1.1　三相异步电动机的基本结构

三相异步电动机的基本结构为定子和转子。

三相异步电动机具有结构简单、制造成本低廉、使用和维修方便、运行可靠且效率高等优点，被广泛应用于工农业生产中的各种机床、水泵、通风机、锻压和铸造机械、传送带、起重机及家用电器、实验设备中（如图 5-1 所示）。

图 5-1　三相异步电动机结构示意图

异步电动机的定子指其固定不动部分，主要包括：机座、定子铁芯、定子绕组。

异步电动机的定子铁芯是由 0.5mm 厚的硅钢片叠压制成的，在铁芯内圆冲有均匀分布的槽，构成异步电动机磁路的一部分；定子绕组是由漆包线绕制而成，嵌入定子铁芯槽中，构成电机电路的一部分（如图 5-2 所示）。

图 5-2　定子、定子铁芯及铁芯硅钢片示意图

异步电动机的转子指其旋转部分，主要部件包括转子铁芯、转子绕组和转轴三部分。转子铁芯也是由 0.5mm 厚的硅钢片叠压制成，在其内圆冲有均匀分布的槽，用来嵌放转子绕组，转子铁芯构成电动机磁路的又一部分；转子绕组大部分是浇铸铝笼型，大功率也有铜条制成的笼型转子导体，转子绕组构成电动机电路的另一部分；转轴用来传递电磁转矩（如图 5-3 所示）。

图 5-3　异步电动机的转子结构示意图

绕线式异步电动机的转子结构中，转子铁芯与鼠笼式相类似，但转子绕组与定子绕组相同，也是采用漆包线绕制成对称三相绕组，嵌放到转子铁芯中。绕线式转子三相绕组必须连接成星形，三个向外的引出端子与固定在转轴上的三个相互绝缘的铜环相接，如图 5-4 所示。电刷与滑环紧压，并通过输电线与变阻器相连。显然，三相绕线式异步电动机的转子绕组是闭合的。

图 5-4　绕线异步电动机的转子结构示意图

由于绕线式异步电动机能采用转子绕组串电阻起动和调速，因此起动性能和调速性能均比鼠笼式异步电动机优越。

5.1.2 三相异步电动机的工作原理

1. 旋转磁场的产生

在三相异步电动机的定子铁芯中放有三相对称绕组，在该三相对称绕组中通入三相对称交流电流，就可产生一"旋转磁场"。在电动机的对称三相定子绕组中通入对称三相交流电：

$$i_A = I_m \sin \omega t$$

$$i_B = I_m \sin\left(\omega t - 120°\right)$$

$$i_C = I_m \sin\left(\omega t + 120°\right)$$

图 5-5 对称三相交流电流的波形图

(a)$\omega t = 0$　　　　(b)$\omega t = 120°$　　　　(c)$\omega t = 240°$　　　　(d)$\omega t = 360°$

图 5-6 三相电流产生的旋转磁场

以 $\omega t = 0$ 时为例，A、C 两相电流 $t = 0$ 时为正，因此首端流入、尾端流出；B 相电流 $t = 0$ 时为负，尾端流入、首端流出。相邻线圈电流流向一致，在气隙中生成合成磁场，方向为：电流随时间继续变化，经历了 120° 电角的同时，电动机的气隙磁场在空间的位置也顺时针旋转了 120°；电流随时间变化一周，电动机的气隙磁场在空间的位置也顺时针旋转了 360°。可见，工程实际中，三相异步电动机定子和转子之间的气隙旋转磁场代替了模型电机定子的转动磁极。

只要三相异步电动机的对称三相定子绕组中通入对称三相交流电流，就会在定子和转子之间的气隙中产生一个随时间空间位置不断变化的旋转磁场。

三相异步电动机工作原理概括：在电动机对称三相定子绕组中通入对称三相交流电流，在定子与转子之间产生气隙旋转磁场；转子导体与磁场相切割产生感应电动势，由于闭合生成感应电流使转子绕组成为载流导体，载流导体受电磁力的作用形成力偶，力偶对电机转轴形成电磁转矩，从而使固定不动的转子顺着旋转磁场的方向转动起来。

若要改变电动机的旋转方向，只需任调通入定子绕组中两相电流的相序即可。

依此类推，可得电动机旋转磁场的转速与极对数之间的关系为

$$n_1 = \frac{60f}{p}(r/\min)$$

电动机通常工作在 50Hz 的工频情况下，因此

$$p = 1 \text{时，} n1 = 3000r/\min;$$
$$p = 2 \text{时，} n1 = 1500r/\min;$$
$$p = 3 \text{时，} n1 = 1000r/\min;$$
$$\vdots$$

即：异步电动机旋转磁场的转速与电源频率成正比，与电机的极对数（出厂时就已经确定）成反比。显然，改变电机的极对数，可以得到不同的转速。

2. 有关转差率的讨论

电动机的转差速度与磁场转速之比称为转差率，用 s 表示，则有

$$s = \frac{n_0 - n}{n_0} \qquad (n_0 \text{指同步转速，} n \text{指电机转速})$$

①电动机起动瞬间，电动机转速 $n = 0$，转差率 $s = 1$；

②电动机转速最高时，转速 $n \approx n_0$，转差率 $s \approx 0$；

③电动机运行过程中，转速 $0 < n < n_0$，转差率 $0 < s < 1$。

显然，电动机的转差率随着电动机转速的升高而减小。

【例 5-1】　有一台三相异步电动机，其额定转速为 $975r/\min$。试求工频情况下电动机的磁极对数和电动机的额定转差率。

解：由于电动机的额定转速接近于旋转磁场的转速，所以

$$p \approx \frac{60f}{n} = \frac{60 \times 50}{975} \approx 3$$

即该电动机的极对数 $p = 3$，同步转速 $n_0 = 1000r/\min$。额定转差率为

$$s = \frac{n_0 - n}{n_0} = \frac{1000 - 975}{1000} = 0.025$$

3. 三相异步电动机的铭牌数据

<table>
<tr><td colspan="3" align="center">三相异步电动机</td></tr>
<tr><td>型号：Y132M-4</td><td>功率：7.5kW</td><td>频率：50Hz</td></tr>
<tr><td>电压：380V</td><td>电流：15.4A</td><td>接法：Δ</td></tr>
<tr><td>转速：1440r/min</td><td>绝缘等级：B</td><td>工作方式：连续</td></tr>
<tr><td>标准编号：</td><td>工作制：S1</td><td>B级绝缘：</td></tr>
<tr><td>年　月</td><td>编号</td><td>××电机厂</td></tr>
</table>

Y 表示异步电动机，132(mm) 表示机座中心高；M 代表中机座（L 长机座、S 短机座），-4 代表 4 极电机。

额定功率指的是电动机输出的机械功率。

额定电压、电流均指电动机额定运行情况下的定子线电压、线电流的数值。

额定转速指的是电动机转子的转速 n。

三相异步电动机的定子绕组有两种接法：Y 形和 Δ 形。

三相定子绕组由机壳外面的接线盒引出，如图 5-7 所示。

图 5-7　三相异步电动机定子绕组的两种接法

4. 单相异步电动机

实验室、家庭及办公场所通常是单相供电，因此实验室的很多仪器、各种电动小型工具、家用洗衣机、电冰箱、电风扇等，都采用单相异步电动机。单相异步机采用鼠笼式转子结构，一般容量多在 0.75kW 以下。

三相异步电动机之所以能够转动，是因为它的定子绕组通入对称三相交流电后产生的旋转磁场。那么，单相异步电动机通入单相交流电后，产生的是一个什么样的磁场呢？

电流正半周，线圈导体中通过的电流始终为正值，如图 5-8(a) 所示。相邻导体中电流方向相同，电流的合成磁场方向一致。电流的负半周，线圈导体中通过的电流方向始终为负，如图 5-8(b) 所示。合成磁场随时间大小不断变化、但磁场轴线的位置始终不变。显然，单相异步电动机的定子磁场是一个大小和方向随时间不断变化、但磁场轴线位置始终不变的脉动磁场。

图 5-8　单相异步电动机的脉动磁场

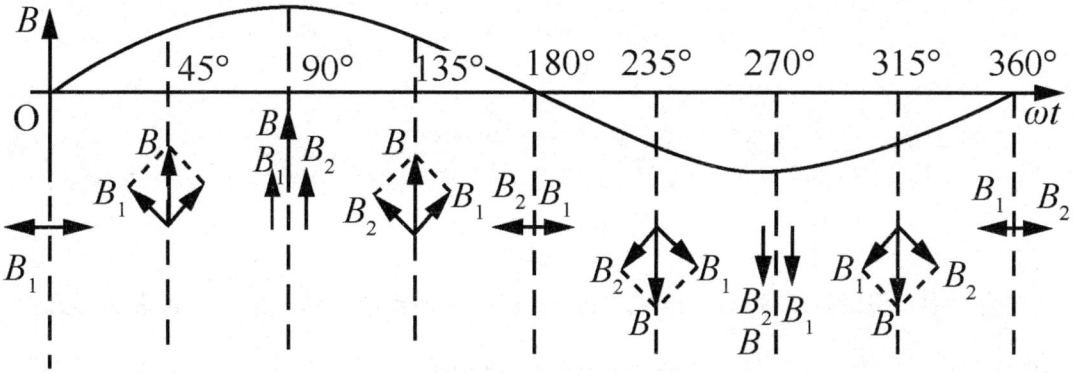

图 5-9　单相异步电动机的脉动磁场分解

脉动磁场可以分解为两个大小相等、转速相同、转向相反的旋转磁场 B_1 和 B_2。顺时针方向旋转的磁场 B_1 对转子产生顺时针方向的电磁转矩；逆时针方向旋转的磁场 B_2 对转子产生逆时针方向的电磁转矩。由于在任何时刻这两个电磁转矩都大小相等、方向相反，所以单向异步电动机的转子不会自行起动，也就是说单相异步电动机的起动转矩为零。

电容分相法可让单相异步电动机转动，电容分相式异步电动机的定子有两个绕组：一个是工作绕组；另一个是起动绕组，两个绕组在空间对称嵌放。起动绕阻与电容 C 串联，使起动绕组电流 i_2 和工作绕组电流 i_1 产生 $90°$ 的相位差，即：$i_1 = \sqrt{2}I_1 \sin \omega t$，$i_2 = \sqrt{2}I_2 \sin(\omega t + 90°)$ 加入起动绕组后，和工作绕组并联连接于单相交流电源上。可见，单相电动机定子两绕组的合成磁场也是一个随时间空间位置不断变化的旋转磁场。单相电动机也因之可以自行起动了。

图 5-10　单相异步电动机的旋转磁场的形成

5.2　异步电动机的电磁转矩和机械转矩

5.2.1　异步电动机的电磁转矩

异步电动机的电磁转矩等于转子中各载流导体在旋转磁场作用下，受到电磁力所形成的转矩之总和。

$$T = K_T \Phi I_2 \cos \phi_2 (N \cdot m)$$

$$I_2 = \frac{sE_{20}}{\sqrt{R_2^2 + (sX_{20})^2}}$$

$$\cos\phi_2 = \frac{R_2}{\sqrt{R_2^2 + (sX_{20})^2}}$$

$$\Phi = \frac{U_1}{4.44 f_1 N_1}$$

将公式中各量的计算式代入电磁转矩公式，即可得到电磁转矩的另一种表达形式：

$$T = K \frac{sR_2}{R_2^2 + (sX_{20})^2} \cdot U_1^2$$

上式说明，只要电动机参数不发生变化，电磁转矩 $T \propto U_1^2$。

电磁转矩 T 正比电源电压 U_1 的平方，反映了电动机的电磁转矩在负载不变情况下，其大小取决于电源电压的高低。但这并不意味电动机的工作电压越高，电动机实际输出的电磁转矩就越大。

电动机拖动机械负载运行时，输出机械转矩的大小，实际上决定来自电动机轴上负载阻转矩的大小。换言之，当电磁转矩 T 等于负载阻转矩 T_L 时，电动机就会在某一速度下稳定运行；若 $T > T_L$，电动机就会加速运行；若 $T < T_L$，电动机则要减速运行直至停转。

异步电动机电磁转矩特性，根据公式

$$T = K \frac{sR_2}{R_2^2 + (sX_{20})^2} \cdot U_1^2$$

可得异步机的电磁转矩特性曲线。

(1) 额定转矩 T_N

电动机额定电压下以额定转速 n_N 运行，输出额定机械功率 P_N 时，电机转轴上对应输出的机械转矩为额定电磁转矩 T_N。

$$T_N = \frac{P_N}{\dfrac{2\pi n_N}{60}} = 9550 \frac{P_N(\text{kW})}{n_N(r/\min)} (N{\cdot}m)$$

(2) 最大转矩 T_m

最大转矩反映了电动机带最大负载的性能，我们把它与额定转矩的比值称为电动机的过载能力，即

$$\lambda_m = \frac{T_m}{T_N}$$

λ_m 通常在 1.6~2.0 之间。如果负载转矩超过了最大转矩，电动机将停转。

图 5-11　异步电动机的转矩特性曲线　　图 5-12　异步电动机的转矩特性曲线

(3) 起动转矩 T_{st}

起动转矩反映了异步电动机带负载起动时的性能。起动转矩与额定电磁转矩之比称作电动机的起动能力，即：

$$\lambda_{st} = \frac{T_{st}}{T_N}$$

λ_{st} 通常在 1.4~1.8 之间。如果电机的起动转矩 T_{st} 小于电动机轴上的负载阻转矩 T_L 时，电动机将无法起动。

5.2.2　异步电动机的机械特性

显然，把转矩特性曲线旋转 90° 后即可得到机械特性曲线。机械特性曲线可分为稳定运行区 AB 段和非稳定运行区 BC 段两部分。

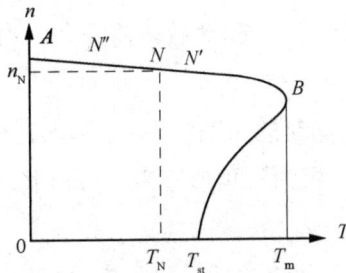

图 5-13　异步电动机的机械特性曲线

5.3　三相异步电动机的控制

5.3.1　三相异步电动机的起动

异步电动机通电后，从静止状态到稳定运行状态的过渡过程称为起动。

当电动机满足条件

$$\frac{I_{st}}{I_N} \le \frac{3}{4} + \frac{\text{电源变压器容量}(kV \times A)}{4 \times \text{电动机功率}(kW)}$$

或电机容量在 10kW 以下，并且小于供电变压器容量的 20％ 时，电动机可以直接加全压起动，称为全压起动。全压起动也叫作直接起动。其优点：操作简单。缺点：起动电流较大，通常是额定电流的 4~7 倍，这么大的起动电流将使线路电压下降，严重时影响同一电网上的其他负载正常工作。

如果三相异步电动机不满足直接起动条件，就要采取降压起动的措施，以减少起动电流给电网和设备带来的不利因素。

图 5-14　三相异步电动机 Y—△ 降压起动

图 5-15　自耦降压起动

1. Y—△降压起动

电动机起动时定子绕组连成星形，起动后转速升高，当转速基本达到额定值时再切换成三角形连接的起动方法。

优点：起动电流降为全压起动时的 1/3；缺点：起动转矩也降为全压起动时的 1/3。

适用范围：正常运行时定子绕组为三角形连接，且每相绕组都有两个引出端子的电动机。

2. 自耦降压起动

利用三相自耦变压器将电动机在起动过程中的端电压降低，以达到减小起动电流的目的。自耦变压器备有 40％、60％、80％ 等多种抽头，使用时要根据电动机起动转矩的要求具体选择。

优点：具有不同的抽头，可以根据起动转矩的要求，比较方便地得到不同的电压。

缺点：设备体积大、成本高。

适用范围：适用于容量较大的电动机或不能用 Y—△ 降压起动的鼠笼式三相异步电动机。

5.3.2　三相异步电动机的调速

用人为的方法使电动机的转速从某一数值改变到另一数值的过程称为调速。

三相异步电动机的转速公式：

$$n = (1-s)n_1 = (1-s)\frac{60f_1}{p}$$

由式可知，异步电动机的调速通过三种形式可实现：

①改变极对数 p，实现有级调速；

②改变转差率 s，实现无级调速；

③改变电源频率 f_1，实现无级调速。

目前，第三种调速方法发展很快，且调速性能较好。其主要环节是研制变频电源，通常由整流器、逆变器等组成。

5.3.3　三相异步电动机的制动

电动机断电后由于机械惯性总要经过一段时间才能停下来。为了提高生产效率及安全性能，采用一定的方法让高速运转的电动机迅速停转，就是所谓的制动三相异步电动机常用的制动方法有以下几种。

图 5-16　能耗制动

1. 能耗制动

当电动机三相定子绕组与交流电源断开后，把直流电通入两相绕组，产生固定不动的磁场 n_0。电动机由于惯性仍在运转，转子导体切割固定磁场产生感应电流。载流导体在磁场中又会受到与转子惯性方向相反的电磁力作用，由此使电动机迅速停转。

能耗制动常用于生产机械中的各种机床制动。

2. 反接制动

把与电源相接的三根火线中的任意两根对调，使旋转磁场改变方向，从而产生制动转矩的方法。在电动机的定子绕组中通入对称三相交流电，电动机顺时针转动。改变通入定子绕组中电流的相序，旋转磁场反向，转子受到与惯性旋转方向相反的电磁力，使电机迅速停转。

反接制动适用于中型车床和铣床的主轴制动。

3. 再生发电制动

起重机快速下放重物，使重物拖动转子出现 $n > n_0$ 情况时，电动机处于发电状态，此时在转子导体中感应电流，感应电流的方向与原电流方向相反，因此产生的电磁转矩方向也相反，这种制动称为再生发电制动。

5.3.4 三相异步电动机的选择

异步电动机应用很广，选用时应从技术和经济两个方面考虑。以实用、合理、经济和安全为原则，确保电动机安全可靠地运行。

①种类选择：鼠笼式异步电动机一般用于无特殊调速要求的生产机械，如泵类、通风机、压缩机、金属切削机床等；绕线式异步电动机适用于需要有较大的起动转矩，且要求在一定范围内进行调速的起重机、卷扬机、电梯等。

②功率选择：原则上要求电动机的额定功率等于或稍大于生产机械的功率。

③结构选择：电动机根据使用场合可分为开启式、防护式、封闭式及防爆式等。使用时要根据电动机的工作环境选择，以确保电动机能够安全、可靠地运行。

④转速选择：综合考虑电动机和机械传动等诸方面因素，原则上应根据生产机械的要求进行选择。

5.4 常用低压控制电器

低压控制电器的品种繁多，用途极为广泛。通过本节内容的介绍，要求学习者能够了解一些常用低压控制电器的结构组成及工作原理；熟悉它们的功能及使用场合；实用中能够初步正确选用常用低压控制电器。

(a) 刀开关　　　　　　　　　　(b) 组合开关

图 5-17　常用低压控制电器

1. 开关电器

(1) 刀开关

主要作用是隔离电源，也可作为不频繁通、断电路的开关控制。

(2) 组合开关

主要用于机床设备的电源引入开关，也可用来通断 5kW 以下电机电路或小电流电路。

(3) 低压断路器（自动空气开关）

主要用来控制局部照明线路或对电路的某些部分作通断控制。断路器在电路发生过载、短路及失压、欠压时，均能自动分断电路，起保护作用。低压断路器的三副主触头串联。

在被保护的三相主电路中，由于搭钩钩住弹簧，使主触头保持闭合状态。当线路正常工作时，电磁脱扣器中线圈所产生的吸力不能将它的衔铁吸合；如果线路发生短路时，电磁脱扣器的线圈吸力增大，将衔铁吸合，并撞击杠杆把搭钩顶上去，在弹簧作用下切断主触头，实现短路保护；当线路电压下降或失压时，欠电压脱扣器的吸力减小或失去吸力，衔铁释放在弹簧拉力下撞击杠杆，把搭钩顶开切断主触头，实现了欠电压保护；热脱扣器利用双金属片受热弯曲作用，在过载时顶开搭钩，实现了过载保护。

2. 低压熔断器

熔断器简称保险，是最简便有效的短路保护装置。

低压熔断器一般串联在被保护的线路中。线路正常工作时如同一根导线，起通路作用。当线路短路时熔断器的易熔片熔断，使电路断开，从而起到保护线路上其他电器设备的作用。

低压熔断器熔体选用原则：

①一般照明线路：熔体额定电流≥负载工作电流；

②单台电动机：熔体额定电流≥1.5~2.5 倍电动机额定电流；但对不经常起动而且起动时间不长的电动机系数可选得小一些，主要以起动时熔体不熔断为准；

③多台电动机：熔体额定电流≥1.5~2.5 倍最大电机的额定电流＋其余电机的额定电流之和。

3. 接触器

接触器是用来频繁接通和断开电路的自动切换电器，它具有手动切换电器所不能实现的遥控功能，同时还具有欠压、失压保护的功能，接触器的主要控制对象是电动机。

4. 热继电器

热继电器是利用电流的热效应原理切断电路以起到过载保护的电器设备。

(1) 热继电器的结构组成

①串接在电动机主电路中的三个发热元件；

②串接在电动机控制电路中的常闭触点。

(2) 工作原理

热继电器的发热元件绕在双金属片上，当电动机过载时，过大的电流产生热量，使双金属片弯曲推动连锁机构动作，使常闭触点打开，导致控制电路断电，电动机主电路随之断电，达到过载保护的目的。

5. 时间继电器

时间继电器是在感受外界信号后，其执行部分需要延迟一定时间才动作的一种继电器，分为通电延时型和断电延时型。

工作原理：线圈通电时，电磁力克服弹簧的反作用拉力而迅速将衔铁向下吸合，衔铁带动杠杆延时使常闭触点分断，常开触点闭合。

时间继电器各部分图符号和文字符号：

		通 电 式	断 电 式	
瞬时动作	常闭触点		常闭触点	
	常开触点		常开触点	
延时动作	常开通电后延时闭合		常闭断电后延时闭合	
	常闭通电后延时断开		常开断电后延时闭合	

5.5 基本电气控制电路

通过开关、按钮、继电器、接触器等电器触点的接通或断开来实现电动机各种运转形式的控制称作继电 - 接触器控制。继电 - 接接触器控制方式构成的自动控制系统称为继电 - 接触器控制系统。

继电 - 接触器控制方式中，典型的控制环节有点动控制、单向自锁运行控制、正反转控制、行程控制、时间控制等。

电动机在使用过程中由于各种原因可能会出现一些异常情况，如电源电压过低、由于短路或过载而引起的电动机电流过大、电动机定子绕组相间短路或电动机绕组与外壳短路等，如不及时切断电源则可能会对设备或人身带来危险，因此必须采取保护措施。

电动机的继电 - 接触器控制电路中，常用的保护环节有短路保护、过载保护、零压保护和欠压保护等。

1. 带过载保护的点动控制电路

在生产实践过程中，某些生产机械常要求能实现调整位置的点动工作。

由开关、熔断器、接触器的主触头、热继电器的热元件组成的部分称为主电路。主电路中的各部分与被控制电动机相串联。由按钮、接触器线圈、热继电器常闭触点组成的部分称为控制电路，接在两相之间，控制电路中的电流较小。

起动控制过程：按下按钮 SB →接触器线圈 KM 得电→ KM 主触头闭合→电动机运转；
停止控制过程：松开按钮 SB →接触器线圈失电→ KM 主触头打开→电动机停转。

2. 可编程控制器简介

继电 - 接触器控制系统由于其元器件数量太多使得硬接线相当繁杂，尤其当线路中出现故障或对机器的工作程序有新的调整和功能扩展要求时，线路的检测、改造显得非常不易和相对麻烦。可编程控制器 PLC 就是为抑制上述缺点而研制出的比继电 - 接触器控制系统更可靠、功能更齐全、响应速度更快的一种新型工业控制器。

输入部分：作用是输入各种指令和生产过程控制要求。

继电 - 接触器控制系统包括各种主令电器。PLC 控制系统也包括各种主令电器。

逻辑控制部分：用来实现各种生产过程的控制功能。

继电 - 接触器控制系统靠继电接触器硬件动作实现生产过程的逻辑控制。PLC 控制系统靠编程器输入相应指令实现生产过程的逻辑控制。

输出部分：作用是驱动生产过程中的被控制对象。

继电 - 接触器控制系统包括电磁阀、指示灯等。PLC 控制系统包括电磁阀、指示灯等。

显然，两者不同之处是在逻辑控制部分。PLC 通过键盘输入相应程序实现生产过程中的逻辑控制，从而避免了继电 - 接触器系统中的复杂硬接线，可靠性更高且抗干扰能力强。

3. 传感器简介

传感器的主要作用就是将非电量转换为电量的一种功能装置，也是优良控制系统中的必备元件。传感器一般由敏感元件和转换元件两个基本环节构成。

传感器按用途可分有超声波传感器、数显传感器、温度传感器、压力传感器、速度传感器、液位传感器、光敏传感器和电磁传感器等。

作为检测用时，被测的非电量通过传感器可转换成易于变换成电量的另一种非电量，再将这种非电量以电参量的变化加以描述，最后经过系统的检测和分析得出检测结论。

本章小结

本章重点掌握和了解的几个问题。

①三相异步电动机由定子和转子组成。转子部分由铁芯、绕组和转轴组成；定子部分由机座、铁芯和绕组组成。

②三相异步电动机定子产生的磁场是旋转磁场。旋转磁场的快慢与磁极对数和交流电的频率有关。

③三相异步电动机启动时为了防止启动电流过大，一般采用降压启动；电机调速分为变频调速、变极调速和变转差率调速；电机的制动可采用能耗制动、反接制动和反馈制动。

第 6 章 半导体器件

本章首先介绍常用的本征半导体和杂质半导体的导电性，及由两种杂质半导体构成 PN 结的导电性，然后从结构、工作原理和伏安特性等方面，介绍用半导体制造的二极管、三极管等常用元件。

本章要点

- ◆ 半导体的基础知识；
- ◆ 半导体二极管；
- ◆ 半导体三极管；
- ◆ 场效应管。

6.1 半导体的基础知识

电子电路是由晶体管组成，而晶体管是由半导体制成的。所以在学习电子电路之前，一定要了解半导体的一些基本知识。半导体由于具有体积小、重量轻、使用寿命长、输入功率小和功率转换速度快等优点而得到广泛的应用。

从导电性能上看，通常可将物质分为三大类：导体——电阻率 $\rho < 10^4 \Omega \cdot cm$；绝缘体——电阻率 $\rho > 10^9 \Omega \cdot cm$；半导体——电阻率 ρ 介于前两者之间。目前，制造半导体器件的材料用得最多的有：单一元素的半导体——硅（Si）和锗（Ge）；化合物半导体——砷化镓（$GaAs$）。半导体之所以得到广泛的应用，是因为它具有热敏性、光敏性、可掺杂性等性能。

6.1.1 本征半导体

本征半导体是一种纯净的半导体晶体。常用的半导体材料有硅和锗。它们都是四价元素，其原子结构的最外层轨道上有 4 个价电子，当把硅或锗制成晶体时，它们是靠共价键的作用而紧密联系在一起，如图 6-1 所示。硅、锗

图 6-1 单晶硅的共价键结构

等具有与金刚石相同的结构。这种结构的一个重要特点是——每个原子有 4 个最邻近原子，它们正好是一个正四面体的顶角位置。半导体一般都具有这种晶体结构，所以半导体也称为晶体，这就是晶体管名称的由来。

　　硅的原子序数为 14，有 14 个电子绕核旋转；锗的原子序数为 32，有 32 个电子绕核旋转。二者最外层轨道上均有 4 个电子。外层电子离原子核最远，受到的束缚最弱，称为价电子。每一个原子的一个价电子与另一原子的一个价电子组成一个电子对。这对价电子是每两个相邻原子共有的。这一对共价电子与两个原子核都有吸引作用，称共价键。在绝对零度下，这种共价键结构非常稳定，电子被牢牢束缚住。但在室温和光照下，价电子受到热激发和光照射就可获得足够的能量，摆脱共价键的束缚，成为自由电子，这时共价键上留下一个缺位，邻近的价电子随时可跳过来填补缺位，从而使缺位转移到邻键上去，所以，缺位也是可以移动的。这种可以自由移动的缺位被称为空穴，它带正电，同时价电子也按一定的方向依次填补空穴，从而使空穴产生定向移动，形成空穴电流。因此，在半导体晶体中存在两种载流子，即带负电的自由电子和带正电的空穴，它们是成对出现的。半导体是靠电子和空穴的移动来导电的。

6.1.2　杂质半导体

　　在本征半导体中，两种载流子的浓度很低，因此导电性很差。若向晶体中适量地掺入特定杂质来改变它的导电性，这种半导体被称为杂质半导体，如果在其中掺入微量的杂质，这将使掺杂后的半导体（杂质半导体）的导电性能大大增强。根据掺入杂质元素的性质不同，杂质半导体可分为 N 型半导体（电子为多数载流子）和 P 型半导体（空穴为多数载流子）。掺杂产生的载流子浓度基本不受温度的影响。

　　1. N 型半导体

　　在本征半导体硅或锗中，掺入微量的 5 价元素如磷，由于掺入的数量极少，所以本征半导体的晶体结构不会改变，只是晶体结构中某些位置上的硅（锗）原子被磷原子所代替，当这些磷原子与相邻的四个硅原子组成共价键时，磷原子最外层有 5 个价电子，还多余一个自由电子。多余的电子在获得外界能量时，比其他价键上的电子更容易脱离原子核的束缚而成为自由电子。因此在这种半导体中有更多的自由电子，这就显著地提高了其导电能力。这种半导体以自由电子导电为主要导电方式，故称它为电子半导体或 N 型半导体。N 型半导体中自由电子是多数载流子（简称多子），空穴是少数载流子（简称少子），如图 6-2 所示。

图 6-2　N 型半导体的共价键结构图

2. P型半导体

在本征半导体硅或锗中，掺入微量的 3 价元素如硼，半导体中的某些原子被杂质原子所代替，但是杂质原子的最外层只有 3 个价电子，它与周围的原子形成共价键后，还多余一个空穴，因此使其中的空穴浓度远大于自由电子的浓度。这种半导体以空穴导电为主要导电方式，故称它为空穴型半导体或 P 型半导体。P 型半导体中，自由电子是少数载流子，空穴是多数载流子，如图 6-3 所示。

图 6-3　P 型半导体的共价键结构

6.1.3　PN 结

1. PN 结的形成

通过现代工艺，在 N 型（P 型）半导体的基片上，采用扩散工艺制造一个 P 型（N 型）区，则在 P 区和 N 区之间的交界面附近，将形成一个很薄的空间电荷区，称之为 PN 结，对称的 PN 结如图 6-4 所示。

图 6-4　对称的 PN 结

在形成的 PN 结中，由于两侧的电子和空穴的浓度相差很大，因此它们会产生扩散运动：电子从 N 区向 P 区扩散；空穴从 P 区向 N 区扩撒。因为它们都是带电粒子，它们向另一侧扩散的同时在 N 区留下了带正电的空穴，在 P 区留下了带负电的杂质离子，这样就形成了空间电荷区，也就是形成了电场（内电场）。它们的形成过程如图 6-5 所示。

内电场是由多子的扩散运动引起的。它的建立将带来两种影响：一是内电场将阻碍多子进行扩散；而在 P 区和 N 区的少子一旦靠近 PN 结，就将在内电场的作用下漂移到对方。

从 N 区漂移到 P 区的空穴补充了原来交界面 P 区失去的空穴，使 P 区的空间电荷区缩小；从 P 区漂移到 N 区的电子补充了交界面 N 区失去的电子，使 N 区的空间电荷区缩小。因此漂移运动的结果是使空间电荷区变窄，与扩散运动相反。电场的强弱与扩散的程度有关，扩散的越多，电场越强，同时对扩散运动的阻力也越大，当扩散运动与漂移运动达到动态平衡时，PN 结的交界区就形成一个缺少载流子的高阻区，我们又把它称为阻挡或耗尽层。

(a) 多子扩散示意图　　(b) P N 结内电场的形成

图 6-5　P N结的形成

2. P N结的单向导电性

在PN结两端加不同方向的电压，可以破坏它原来的平衡，从而使它呈现出单向导电性。

（1）P N 结外加正向电压

PN 结外加正向电压的接法是 P 区接电源的正极，N 区接电源的负极。这时外加电压形成电场的方向与自建场的方向相反，从而使阻挡层变窄，扩散作用大于漂移作用，多数载流子向对方区域扩散形成正向电流（方向是从 P 区指向 N 区）。在一定范围内，外电场愈强，正向电流愈大，这时 PN 结呈现的电阻很低。正向电流包括空穴电流和电子电流两部分。空穴和电子虽然带有不同极性的电荷，但由于它们的运动方向相反，所以电流方向一致。外电源不断地向半导体提供电荷，使电流得以维持，如图 6-6(a) 所示。

(a) 正向连接　　　　　(b) 反向连接

图 6-6　P N结的单向导电性

(2) P N结外加反向电压

它的接法与正向相反，如图 6-6(b) 所示，即 P 区接电源的负极，N 区接电源的正极。此时的外加电压形成电场的方向与自建场的方向相同，从而使阻挡层变宽，漂移作用大于扩散作用，少数载流子在电场的作用下，形成漂移电流，它的方向与正向电压的方向相反，所以又称为反向电流。因反向电流是少数载流子形成，故反向电流很小，即使反向电压再增加，少数载流子也不会增加，此时，PN结处于截止状态，呈现的电阻为反向电阻，而且阻值很高。

由以上可以看出：ＰＮ结在正向电压作用下，电阻很低，正向电流较大（处于导通状态）；在反向电压的作用下，电阻很高，反向电流很小（处于截止状态），因此ＰＮ结具有单向导电性。

6.2　半导体二极管

6.2.1　二极管的类型和结构

在 PN 结的外面装上管壳，再引出两个电极，就做成了一个半导体二极管（简称二极管）。二极管的类型很多，从制造材料上分，硅二极管和锗二极管；按管子的结构来分有点接触型二极管和面接触型二极管。点接触型二极管（一般为锗管）如图 6-7(a) 所示，它的特点是 PN 结的面积非常小，因此不能承受较大反向电压和大的电流，但是高频性能好，故适用于高频和小功率的工作，也用作数字电路中的开关元件。面接触型二极管（一般为硅管）如图 6-7(b) 所示。它的 PN 结的面积大，故可通过较大的电流，但工作频率较低，一般用作整流，而不宜用于高频电路中。

如图 6-7(c) 所示是硅工艺平面型二极管的结构图，是集成电路中常见的一种形式。二极管的表示符号如图 6-7(d) 所示。

(a) 点接触型结构　　(b) 面接触型结构　　(c) 平面结构图　　(d) 电路符号

图 6-7　半导体二极管的结构及符号

6.2.2　二极管的伏安特性

二极管本质上就是一个 PN 结，因此，它在正向偏置下容易导电（导通状态），在反向偏置时基本上不导电（截止状态），这一单向导电性可用伏安特性表示，如图 6-8 所示。所以伏安特性就是管子两电极间所加的电压与流过它的电流之间的关系曲线。电压的单位为伏，电流的单位为安（或毫安、微安等）。

图 6-8　二极管的伏安特性

1. 正向特性

当外加正向电压很低时，由于外电场还不能克服 PN 结内电场对多数载流子（除少量能量较大者除）外扩散运动的阻力，故正向电压低于某一数值时，正向电流很小，几乎为零。

只有当正向电压高于某一值时，内电场被大大削弱，二极管才有明显的正向电流，这个电压被称为导通电压，又称它为门限电压或死区电压，其大小与材料及环境温度有关。通常硅管的死区电压约为 0.5V，锗管约为 0.1V。在室温下，导通时的正向压降，硅管的约为 0.6~0.8V，锗管的约为 0.1~0.3V。

2. 反向特性

在二极管上加反向电压一定时，由于少数载流子的漂移运动，形成的反向电流很小，而且变化不大。反向电流由两个特点：一是它随温度的上升增长很快；二是在反向电压不超过某一范围时，反向电流的大小基本恒定，而与反向电压的高低无关。而当外加反向电压大于某一数值时，反向电流急剧变大，二极管失去单向导电性而产生击穿。二极管被击穿后，一般不能恢复原来的性能，便失效了。

使用二极管主要是利用它的单向导电性。对于理想二极管，导通时，可用导线来代替；截止时，可认为断路。当输入信号电压在一定范围内变化时，输出电压也随着输入电压相应的变化；当输入电压高于某一个数值时，输出电压保持不变，这就是限幅电路。把开始不变的电压称为限幅电平，它分为上限幅和下限幅。

【例 6.1】　试分析如图 6-9(a) 所示的限幅电路，输入电压的波形为图 6-9(b)，画出它的限幅电路的波形。

解：

a）$E = 0$ 时限幅电平为 $0V$。$u_i > 0$ 时二极管导通，$u_0 = 0$，$u_i < 0$ 时，二极管截止，$u_0 = u_i$，它的波形图如图 6-9(c) 所示。

b）当 $0 < E < U_M$ 时，限幅电平为 $+E$。$u_i < +E$ 时，二极管截止，$u_i = 0$；$u_i > +E$ 时，二极管导通，$u_0 = E$，它的波形图如图 6-9(d) 所示。

c）当 $-U_M < E < 0$ 时，限幅电平为负数，它的波形图如图 6-9(e) 所示。

（a）限幅电路　　　　　（b）限幅波形　　　　　　（c）$E=0$时U_M

（d）$0<E<U_M$　　　　　　　　　（e）$-uE<E<0$

图 6-9　二极管的特性

6.2.3　二极管的主要参数

二极管的特性除用伏安特性曲线表示外，还可以用一些数据来说明，这些数据就是二极管的参数。在工程上必须根据二极管的参数合理地使用和合理选择二极管，只有这样才能充分发挥每个二极管的作用。

1. 最大整流电流 I_{OM}

最大整流电流是指二极管长时间使用时，允许通过二极管的最大正向平均电流。点接触型二极管的最大整流电流在几十毫安以下。面接触型二极管的最大整流电流较大。如2CP10 型硅二极管的最大整流电流为 100 m A。当电流超过允许值时，将由于 P N 结过热而使管子损坏。

2. 最大反向工作电压 U_{RM}

最大反向工作电压是指二极管在工作中能承受的最大反向电压，也是使二极管不致反向击穿的电压极限值。在一般情况下最大反向工作电压应小于反向击穿电压，是反向击穿电压的 1/2 或 2/3。选用二极管时，还要以最大反向工作电压为准，并留有适当余地，以保证二极管不致损坏。例如：2AP21 型二极管的反向击穿电压为 15V，最大反向工作电压小于 10V；2AP26 的反向击穿电压为 150V，最大反向工作电压小于 100V。

3. 最大反向电流 I_{RM}

最大反向电流是指二极管上加工作峰值电压时的反向电流值。I_{RM} 越小，二极管的单向导电性越好硅管的反向电流较小，在几微安以下。锗管的反向电流较大，为硅管的几十到几百倍。

6.2.4　特殊二极管

1. 稳压二极管

稳压二极管是一种特殊的面接触型硅晶体二极管。由于它有稳定电压的作用，故称为稳压管。经常应用在稳压设备和一些电子线路中。稳压二极管也称齐纳二极管。

如图 6-10 所示为稳压二极管的伏安特性曲线、图形符号及稳压电路。稳压二极管的特性曲线与普通二极管基本相似，只是稳压二极管的反向特性曲线比较陡。稳压二极管是利用二极管的击穿特性工作的，因为二极管工作在反向击穿区，反向电流变化很大的情况下，反向电压变化则很小，从而表现出很好的稳压特性。

(a) 伏安特性曲线　　　　　　(b) 图形符号　　　　　　(c) 稳压管电路

图 6-10　稳压管的伏安特性曲线、图形符号及稳压管电路

从二极管的反向特性知道，当反向电压增大到一定的数值（击穿电压）以后，反向电流突然上升，这种现象称为击穿。通常不希望二极管出现击穿现象，因为这意味着元件要损坏。如果从制造工艺上采取适当的措施，使得接触面上各点的电流比较均匀，并在使用时把反向电流限制在一定的数值内，就可以使二极管虽然工作在击穿状态，但其 PN 结的温度不超过允许的数值，而不至于损坏。这样就可以利用"击穿现象"达到"稳压"的目的。从如图 6-10 可以看出，二极管工作在击穿区(反向电压大于 U z),电流在很大范围内变化时，二极管两端的电压基本上不变，这一特性就能起到稳定电压的作用。

稳压二极管的正常工作范围，是在伏安特性曲线上的反向电流开始突然上升的 A 点和 B 点。这一段的电流对于常用的小功率稳压管来讲，一般为几毫安至几十毫安。

由于硅管的热稳定性比锗管好，因此一般都用硅管作稳压二极管，如 2CW 型和 2DW 型都是硅稳压二极管。

2. 半导体发光二极管

半导体发光二极管 (LED) 是由砷化镓、磷化镓等化合物所制成。这种二极管通以电流时将发出光来，有红、绿、黄、橙色的发光二极管，适用于各种电子仪器、仪表、家用电

器做显示电源、状态指示、计算机电路监控、状态信息显示，以及小电流稳压等。其图形符号和光电传输系统如图 6-11 所示。

(a) 图形符号　　　　　　　　　(b) 光电传输系统

图 6-11　发光二极管

6.3　半导体三极管

半导体三极管（简称三极管，又称晶体管）是最重要的一种半导体器件。它的放大作用和开关作用促使电子技术飞跃发展。三极管的特性是通过特性曲线和工作参数来分析研究的。

6.3.1　三极管的结构及类型

三极管的构成是在一块半导体上用掺入不同杂质的方法制成两个紧挨着的 PN 结，并引出三个电极。三极管有三个区：发射区——发射载流子的区域；基区——载流子传输的区域；集电区——收集载流子的区域。各区引出的电极依次为发射极 (e)、基极 (b) 和集电极 (c)。发射区和基区在交界处形成发射结；基区和集电区在交界处形成集电结。根据半导体各区的类型不同，三极管可分为 NPN 型和 PNP 型，它们的结构示意图和电路符号图分别为如图 6-12(a)、(b) 所示。

(a) NPN 型　　　　　　　　　(b) PNP 型

图 6-12　三极管的结构示意图与电路符号

目前 NPN 型管多数为硅管，PNP 型多数为锗管。因 NPN 型三极管应用最为广泛，故本书以 NPN 型三极管为例来分析三极管及其放大电路的工作原理。

为使三极管具有电流放大作用，在制造过程中必须满足实现放大的内部结构条件，即：

①发射区掺杂浓度远大于基区的掺杂浓度，以便于有足够的载流子供"发射"；

②基区很薄，掺杂浓度很低，以减少载流子在基区的复合机会，这就是三极管具有放大作用的关键所在；

③集电区比发射区面积大且掺杂少，以利于收集载流子。

由此可见，三极管并非两个 PN 结的简单组合，不能用两个二极管来代替；在放大电路中也不可将发射极和集电极对调使用。

6.3.2　三极管的放大作用和电流的分配关系

为了了解晶体管的电流分配和电流放大原理，先做一个实验，实验电路如图 6-13 所示，基极电源电压 U_{BB}、基极电阻 R_b、基极 b 和发射极 e 组成输入回路。集电极电源 U_{CC}、集电极电阻 R_C、集电极 c 和发射极 e 组成输出回路。发射极是公共电极，这种电路称为共发射极电路。电路中 $U_{BB} < U_{CC}$，电源极性如图 6-13 所示。这样就保证了发射结加的是正向电压（正向偏置），集电结加的是反向电压（反向偏置），这是晶体管实现电流放大作用的外部条件。调整电阻 R_b，则基极电流 I_B、集电极电流 I_C 和发射极电流 I_E 都会发生变化。基极电流较小的变化可以引起集电极电流较大的变化。也就是说，基极电流对集电极电流具有小量控制大量的作用，这就是晶体管的电流放大作用（实质是控制作用）。

图 6-13　NPN 型三极管中载流子的运动

下面用三极管内部载流子的运动规律来解释上述结论，以便更好地理解三极管的放大原理。

1. 发射区向基区扩散电子

由于发射结处于正向偏置，多数载流子的扩散运动加强，发射区的自由电子（多数载流子）很容易扩散到基区，而电源又不断向发射区补充电子，形成发射极电流 I_E。基区的多数载流子（空穴）也要向发射区扩散，但由于基区的空穴浓度比发射区的自由电子的浓度小得多，因此空穴电流很小，可以忽略不计。

2. 电子在基区扩散和复合

从发射区扩散到基区的自由电子起初都聚集在发射结附近，靠近集电结的自由电子很少，形成了浓度差，因而自由电子将向集电结方向不断扩散。在扩散过程中，自由电子不断与空穴（P型基区中的多数载流子）相遇而复合。由于基区接电源U_{BB}的正极，基区中受激发的价电子不断被电源拉走，这相当于不断补充基区中被复合掉的空穴，形成电流I_{BE}，它基本上等于基极电流I_B。

在中途被复合掉的电子越多，扩散到集电结的电子就越少，这不利于三极管的放大作用，因此，基区很薄并且掺杂浓度低，这样才可以大大减少电子与基区空穴复合的机会，使绝大部分自由电子都扩散到集电结边缘。

3. 集电区收集从发射区扩散过来的电子

由于集电结反向偏置，集电结内电场增强，它对多数载流子的扩散运动起阻挡作用，阻挡集电区（N型）的自由电子向基区扩散，但可将从发射区扩散到基区并到达集电结边缘的自由电子拉入集电区，从而形成电流I_{CE}，它基本上等于集电极电流I_C。

除此以外，由于集电结反向偏置，在内电场的作用下，集电区的少数载流子（空穴）和基区的少数载流子（电子）将发生漂移运动，形成电流I_{CBO}。这电流数值很小，它构成集电极电流I_C和基极电流I_B的一小部分，但受温度影响很大，并与外加电压的大小关系不大。

如上所述，从发射区扩散到基区的电子只有很小一部分在基区复合，绝大部分到达集电区。这就是构成发射极电流I_E的两部分中的I_{BE}，I_{BE}部分是很小的，而ICE部分所占的百分比是大的。

表征三极管的电流放大能力的参数，称为电流放大系数

$$\beta = \frac{I_C}{I_B}$$

6.3.3　三极管的特性曲线

三极管有三个电极，而在连成电路时，必须由两个电极接输入回路，两个电极接输出回路，这样势必有一个电极作为输入和输出回路的公共端。根据公共端的不同，有三种基本连接方式：①共基极接法如图 6-14(a) 所示；②共发射极接法如图 6-14(b) 所示；③共集电极接法如图 6-14(c) 所示。

(a) 共基极　　　　(b) 共发射极　　　　(c) 共集电极

图 6-14　三极管的连接方式

三极管的特性曲线是用来表示该三极管各极电压和电流之间相互关系的，它反映出三极管的性能，是分析放大电路的重要依据。其中最常用的是共发射极接法时的输入特性曲线和输出特性曲线。下面以 NPN 管共发射极为例来分析三极管的特性曲线。

1. 输入特性曲线

当 U_{CE} 不变时，输入回路中的电流 I_B 与电压 U_{BE} 之间的关系曲线被称为输入特性，即

$$I_B = f(U_{BE})\big|\quad U_{CE} = 常数$$

它与 PN 结的正向特性相似，三极管的两个 PN 结相互影响，因此，输出电压 U_{CE} 对输入特性有影响，且 $U_{CE} > 1$ 时，这两个 PN 结的输入特性基本重合。用 $U_{CE} = 0$ 和 $U_{CE} \geqslant 1V$ 这两条曲线表示，如图 6-15 所示。

当 $U_{CE} = 0V$ 时，b、e 间加正向电压，这时发射结和集电结均为正偏，相当于两个二极管正向并联的特性。当 $U_{CE} \geqslant 1V$ 时，集电结的电位比基极的高，为反偏，发射区注入基区的电子绝大部分扩散到集电极，只有一小部分与基区的空穴复合，形成 I_B。当 U_{CE} 超过 $1V$ 以后再增加，I_C 增加很少，因此 I_B 的变化量也很小，这时可忽略 U_{CE} 对 I_B 的影响，可认为 $U_{CE} \geqslant 1V$ 时，输入特性曲线

图 6-15　输入特性曲线

都重合在一起。当 U_{CE} 在 0~1V 之间时，输入特性曲线随 U_{CE} 的增加而右移。所以，通常只画出 $U_{CE} > 1V$ 的一条输入特性曲线。由图 6-15 所示可知，和二 C 极 E 管的伏安特性一样，三极管输入特性也有一段死区。只有在发射结外加电压大于死区电压时，三极管才会出现 I_B。硅管的死区电压约为 0.5V，锗管的死区电压约为 0.1V。在正常情况下，NPN 型硅管的发射结电压 U_{BE} 范围为 0.6~0.7V，PNP 型锗管的 U_{BE} 范围为 0.2~0.3V。

2. 输出特性曲线

它的输出特性是指当基极电流 I_B 为常数时，输出电路 (集电极电路) 中集电极电流 I_C 与电压 U_{CE} 之间的关系称为输出特性，即

$$I_C = f(U_{CE})\big|\quad I_B = 常数$$

在不同的 I_B 下，可得到不同的曲线，所以三极管的输出特性曲线是一簇曲线。当 I_B 一定时，从发射区扩散到基区的电子数大致是一定的。在 U_{CE} 超过一定数值 (约 1V) 以后，这些电子的绝大部分被吸入集电区而形成 I_C，以致当 U_{CE} 继续增高时，I_C 也不再有明显的增加，它具有恒流特性。当 I_B 增大时，相应的 I_C 也增大，曲线上移。而且 I_C 比 I_B 增加的多得多，这就是三极管的电流放大作用。

以 $I_B = 40\mu A$ 时的输出特征曲线作为例子进行讨论。

U_{CE} 很小时，当 U_{CE} 略有增加，I_C 增加很快。曲线起始部分很陡。这是由于 U_{CE} 很小，

集电结反向电压低，对到达基区的电子吸引力不够。此时，I_C 受 U_{CE} 影响很大，U_{CE} 稍有增加，I_C 增加很大。

当 U_{CE} 超过某数值后，曲线变得比较平坦，近似于水平直线。这表示当 I_B 一定时，I_C 的值基本上不随 U_{CE} 而变化。这是由于 U_{CE} 较大，集电结的电场足够强，能使发射区扩散到基区的绝大部分电子到达集电区，故 U_{CE} 再增大，I_C 增加就不多了。

通常把三极管的输出特性曲线分为三个区如图 6-16 所示。

图 6-16　NPN 型三极管共发射极输出特性曲线

①放大区。此时 $I_C = \beta I_B$，I_C 基本不随 U_{CE} 的变化而变化。特性曲线近于水平部分。放大区也称线性区，因为 I_C 和 I_B 成正比关系。此时三极管工作处于放大状态，发射结处于正偏，集电结处于反偏。即对 NPN 型三极管而言，应使 $U_{BE} > 0$，$U_{BC} < 0$。

②截止区。$I_B = 0$ 的曲线以下的区域称为截止区。此时的集电极电流近似为零，输出特性曲线是一条几乎与横轴重合的直线。三极管的集电极电压等于电源电压，发射结与集电结均反偏。即 $I_B \approx 0$，$I_C \approx 0$，三极管呈截止状态。

③饱和区。当 $U_{CE} < U_{BE}$ 时，I_C 与 I_B 不成比例，它随 U_{CE} 的增加而迅速上升，这一区域称为饱和区，$U_{CE} = U_{BE}$ 称为临界饱和。饱和区的工作特点是发射结和集电结均正向偏置。这时，三极管失去放大能力。

6.3.4　三极管主要参数

三极管的参数表征三极管性能和安全运用范围的物理量，是正确使用和合理选择三极管的依据。三极管的参数很多，这里主要介绍以下 3 种。

1. 电流放大系数

电流放大系数的大小反映了三极管放大能力的强弱。

①直流电流放大系数。当三极管接成共发射极电路时，在静态（无输入信号）时集电

极电流 I_C（输出电流）与基极电流 I_B 的比值 $\overline{\beta}=\dfrac{I_C}{I_B}$ 称为共发射极静态（直流）放大系数。

$$\overline{\beta}=\frac{I_C}{I_B}$$

②交流电流放大系数。当三极管接成共发射极电路时，在动态（有输入信号）时，基极电流的变化量为 ΔI_B，它引起集电极电流的变化量为 ΔI_C。ΔI_C 与 ΔI_B 的比值 $\overline{\beta}=\dfrac{I_C}{I_B}$ 称为共发射极动态（交流）放大系数。

$$\beta=\frac{\Delta I_C}{\Delta I_B}$$

2. 极间反向电流

①集电极 - 发射极反向截止电流 I_{CEO}。I_{CEO} 是指基极开路时，集电极 - 发射极间的反向电流，也称集电结穿透电流。它反映了三极管的稳定性，其值越小，受温度影响也越小，三极管的工作就越稳定。

②集电极 - 基极反向截止电流 I_{CBO}。I_{CBO} 是指发射极开路时，集电极 - 基极间的反向电流，也称为集电结反向饱和电流。温度升高时，I_{CBO} 急剧增大，温度每升高 $10℃$，I_{CBO} 增大一倍。选三极管时应选 I_{CBO} 小且受温度影响小的三极管。

3. 极限参数

三极管的极限参数是指在使用时不得超过的极限值，以此保证三极管的安全工作。

①集电极最大允许电流 I_{CM}。集电极电流 I_C 过大时，$\overline{\beta}=\dfrac{I_C}{I_B}$ 将明显下降，I_{CM} 为 $\overline{\beta}=\dfrac{I_C}{I_B}$ 下降到规定允许值（一般为额定值的 1/2~2/3）时的集电极电流。使用中若 $I_C>I_{CM}$，三极管不一定会损坏，但 $\overline{\beta}=\dfrac{I_C}{I_B}$ 会明显下降。

②集电极最大允许功率损耗 P_{CM}。三极管工作时，U_{CE} 的大部分降在集电结上，因此集电极功率损耗 $P_C=U_{CE}I_C$，近似为集电结功耗，它将使集电结温度升高而使三极管发热导致管子损坏。工作时的 P_C 必须小于 P_{CM}。

③反向击穿电压 $U_{(BR)CEO}$，$U_{(BR)CBO}$，$U_{(BR)EBO}$。$U_{(BR)CEO}$ 为基极开路时集电结不致击穿，施加在集电极 - 发射极之间允许的最高反向电压；$U_{(BR)CBO}$ 为发射极开路时集电结不致击穿，施加在集电极 - 基极之间允许的最高反向电压；$U_{(BR)EBO}$ 为集电极开路时发射结不致击穿，施加在发射极 - 基极之间允许的最高反向电压。

6.4 场效应管

这一节学习另一种放大器件———场效应管（简称 FET）。它是一种较新型的半导体器件，其外形与普通三极管相似，但两者的控制特性却截然不同。场效应管是利用输入电压产生的电场效应来控制输出电流的，所以又称之为电压控制型元件。它工作时只有一种载流子（多数载流子）参与导电，故也叫单极型半导体三极管。因它具有很高的输入电阻，能满足高内阻信号源对放大电路的要求，所以是较理想的前置输入级元件。它还具有热稳定性好、功耗低、噪声低、制造工艺简单、便于集成等优点，因而得到了广泛的应用。

根据结构不同，场效应管可以分为结型场效应管（JFET）和绝缘栅型场效应管（JGFET）两大类；根据场效应管制造工艺和材料的不同，又可分为 N 沟道场效应管和 P 沟道场效应管。

6.4.1 结型场效应

1. 结构和符号

结型场效应管（JFET）结构示意图及电路符号如图 6-17 所示。其基本结构是：在一块 N 型半导体材料的两侧分别制作了两个浓度很高的 P 型区，形成了两个 PN 结；将两侧的 P 型区连在一起，引出一个电极称为栅极 G；在 N 型半导体材料的两端各引出一个电极，分别为源极 S 和漏极 D。在图 6-17(a) 中两个 PN 结中间的 N 型区是漏极和源极之间的电流沟道，称为导电沟道。由于 N 型区中多数载流子是电子，故称为 N 型沟道场效应管，若中间半导体是 P 型材料，两侧分别是高浓度的 N 区，那么就构成了 P 沟道的结型场效应管，如图 6-18 所示。由于场效应管的沟道上下对称，所以漏极和源极可以对调使用。

(a) N 沟道结构示意图　　　(b) N 沟道符号　　　(c) P 沟道符号

图 6-17　结型场效应管结构示意图及电路符号

(a) 结构示意图　　　　　　　　(b) 外形图

图 6-18　P 沟道结型场效应管

2. 工作原理

现以 N 沟道结型场效应管为例讨论外加电场是如何来控制场效应管的电流的。

如图 6-19 所示，场效应管工作时它的两个 PN 结始终要加反向电压。对于 N 沟道，各极间的外加电压变为 $U_{GS} \leq 0$，漏、源之间加正向电压，即 $U_{DS} > 0$。

当栅、源两极间电压 U_{GS} 改变时，沟道两侧耗尽层的宽度也随着改变，沟道宽度的变化，导致沟道电阻值的改变，从而实现了利用电压 U_{GS} 控制电流 I_D 的目的。

图 6-19　N 沟道场效应管的工作原理　　（1）U_{GS} 对导电沟道的影响

当 $U_{GS} = 0$ 时，场效应管两侧的 PN 结均处于零偏置，形成两个耗尽层，如图 6-20(a) 所示。此时耗尽层最薄，导电沟道最宽，沟道电阻最小。

当 $|U_{GS}|$ 值增大时，栅、源之间反偏电压增大，P N 结的耗尽层增宽，如图 6-20(b) 所示。导致导电沟道变窄，沟道电阻增大。

当 $|U_{GS}|$ 值增大到使两侧耗尽层相遇时，导电沟道全部夹断，如图 6-20(c) 所示。沟道电阻趋于无穷大。对应的栅 - 源电压 U_{GS} 称为场效应管的夹断电压，用 $U_{GS(off)}$ 来表示。

（2）U_{DS} 对导电沟道的影响

设栅源电压 $U_{GS} = 0$，当 $U_{DS} = 0$ 时，$I_D = 0$，沟道均匀，如图 6-20(a) 所示。

(a) 导电沟道最宽　　　　　(b) 导电沟道变窄　　　　　(c) 导电沟道夹断

图 6-20　U_{GS} 对导电沟道的影响

当 U_{DS} 增加时，漏极电流 I_D 从零开始增加，I_D 流过导电沟道时，沿着沟道产生电压降，使沟道各点电位不再相等，沟道不再均匀。靠近源极端的耗尽层最窄，沟道最宽；靠近漏极端的电位最高，且与栅极电位差最大，因而耗尽层最宽，沟道最窄。由图 6-19 可知，U_{DS} 的主要作用是形成漏极电流 I_D。

(3) U_{GS} 对沟道电阻和漏极电流的影响

设在漏、源间加有电压 U_{DS}，当 U_{GS} 变化时，沟道中的电流 I_D 将随沟道电阻的变化而变化。

当 $U_{GS} = 0$ 时，沟道电阻最小，电流 I_D 最大。当 $|U_{GS}|$ 值增大时，耗尽层变宽，沟道变窄，沟道电阻变大，电流 I_D 减小，直至沟道被耗尽层夹断，$I_D = 0$。

当 $0 < U_{GS} < U_{GS(off)}$ 时，沟道电流 I_D 在零和最大值之间变化。

改变栅 - 源电压 U_{GS} 的大小，能引起管内耗尽层宽度的变化，从而控制了漏极电流 I_D 的大小。

场效应管和普通三极管一样，可以看作是受控的电流源，但它是一种电压控制的电流源。

3. 结型场效应管的特性曲线

(1) 转移特性曲线

转移特性曲线是指在一定的漏 - 源电压 U_{DS} 作用下，栅极电压 U_{GS} 对漏极电流 I_D 的控制关系曲线，即

$$I_D = f(U_{GS})\big|_{U_{DS}=常数}$$

图 6-21 为场效应管特性测试电路，图 6-22 为转移特性曲线。

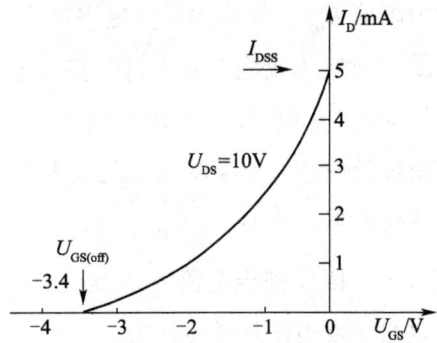

图 6-21 场效应管特性测试电路 　　　　图 6-22 转移特性曲线

从转移特性曲线可知，U_{GS} 对 I_D 的控制作用如下：

①当 $U_{GS}=0$ 时，导电沟道最宽、沟道电阻最小。所以当 U_{DS} 为某一定值时，漏极电流 I_D 最大，称为饱和漏极电流，用 I_{DSS} 表示。

②当 $|U_{GS}|$ 值逐渐增大时，PN 结上的反向电压也逐渐增大，耗尽层不断加宽，沟道电阻逐渐增大，漏极电流 I_D 逐渐减小。

③当 $U_{GS}=U_{GS(off)}$ 时，沟道全部夹断，$I_D=0$。

(2) 输出特性曲线（或漏极特性曲线）

输出特性曲线是指在一定栅极电压 U_{GS} 作用下，I_D 与 U_{DS} 之间的关系曲线。即

$$I_D = f\left(U_{DS}\right)\big|_{U_{GS}=常数}$$

图 6-23 所示为结型场效应管的输出特性曲线，可分成以下几个工作区。

图 6-23 结型场效应管的输出特性曲线

①可变电阻区。当 U_{GS} 不变，U_{DS} 由零逐渐增加且较小时，I_D 随 U_{DS} 的增加而线性上

升，场效应管导电沟道畅通。漏、源之间可视为一个线性电阻 R_{DS}，这个电阻在 U_{DS} 较小时，主要由 U_{GS} 决定，所以此时沟道电阻值近似不变。而对于不同的栅 - 源电压 U_{GS}，则有不同的电阻值 R_{DS}，故称为可变电阻区。

②恒流区（或线性放大区）。图 6-23 中间部分是恒流区，在此区域 I_D 不随 U_{DS} 的增加而增加，而是随着 U_{GS} 的增大而增大，输出特性曲线近似平行于 U_{DS} 轴，I_D 受 U_{GS} 的控制，表现出场效应管电压控制电流的放大作用，场效应管组成的放大电路就工作在这个区域。

③夹断区。当 $U_{GS} < U_{GS(off)}$ 时，场效应管的导电沟道被耗尽层全部夹断，由于耗尽层电阻极大，因而漏极电流 I_D 几乎为零。此区域类似于三极管输出特性曲线的截止区，在数字电路中常用作开断的开关。

④击穿区。当 U_{DS} 增加到一定值时，漏极电流 I_D 急剧上升，靠近漏极的 PN 结被击穿，三极管不能正常工作，甚至很快被烧坏。

6.4.2　绝缘栅型场效应管

在结型场效应管中，栅、源间的输入电阻一般为 $10^6 \sim 10^9 \Omega$。由于 PN 结反偏时，总有一定的反向电流存在，而且受温度的影响，因此，限制了结型场效应管输入电阻的进一步提高。而绝缘栅型场效应管的栅极与漏极、源极及沟道是绝缘的，输入电阻可高达 $10^9 \Omega$ 以上。由于这种场效应管是由金属 (Metal)、氧化物 (Oxide) 和半导体 (Semiconductor) 组成的，故称 MOS 管。MOS 管可分为 N 沟道和 P 沟道两种。按照工作方式不同又可以分为增强型和耗尽型两类。

1. N 沟道增强型 MOS 管

(1) 结构和符号

图 6-24(a) 是 N 沟道增强型 MOS 管的示意图。MOS 管以一块掺杂浓度较低的 P 型硅片做衬底，在衬底上通过扩散工艺形成两个高掺杂的 N 型区，并引出两个极作为源极 S 和漏极 D；在 P 型哇表面制作一层很薄的二氧化硅（SIO_2）绝缘层，在二氧化硅表面再喷上一层金属铝，引出栅极 G。这种场效应管栅极、源极、漏极之间都是绝缘的，所以称之为绝缘栅场效应管。

绝缘栅场效应管的图形符号如图 6-24(b)、(c) 所示，箭头方向表示沟道类型，箭头指向管内表示为 N 沟道 MOS 管 [图 6-24(b)]，否则为 P 沟道 MOS 管 [图 6-24(c)]。

(2) 工作原理

图 6-25 是 N 沟道增强型 MOS 管的工作原理示意图，图 6-25(b) 是相应的电路图。工作时栅、源之间加正向电源电压 U_{GS}，漏、源之间加正向电源电压 U_{DS}，并且源极与衬底连接，衬底是电路中最低的电位点。

（a）N沟通道增强性MOS管结构总图　　（c）P沟道　　　（a）示意图　　　（b）电路图

图 6-24　增强型MOS管的结构示意图　图 6-25　N沟道增强型MOS管工作原理及其图形符号

①当 $U_{GS} = 0$ 时，漏极与源极之间没有原始的导电沟道，漏极电流 $I_D = 0$。这是因为当 $U_{GS} = 0$ 时，漏极和衬底以及源极之间形成了两个反向串联的 PN 结，当 U_{DS} 加正向电压时，漏极与衬底之间 PN 结反向偏置的缘故。

②当 $U_{GS} > 0$ 时，栅极与衬底之间产生了一个垂直于半导体表面、由栅极 G 指向衬底的电场。这个电场的作用是排斥 P 型衬底中的空穴而吸引电子到表面层，当 U_{GS} 增大到一定程度时，绝缘体和 P 型衬底的交界面附近积累了较多的电子，形成了 N 型薄层，称为 N 型反型层。反型层使漏极与源极之间成为一条由电子构成的导电沟道，当加上漏 - 源电压 U_{DS} 之后，就会有漏极电流 I_D 流过沟道。通常将刚刚出现漏极电流 I_D 时所对应的栅 - 源电压称为开启电压，用 $U_{GS(th)}$ 表示。

③当 $U_{GS} > U_{GS(th)}$ 时，U_{GS} 增大、电场增强、沟道变宽、沟道电阻减小、I_D 增大；反之，U_{GS} 减小，沟道变窄，沟道电阻增大，I_D 减小。所以改变 U_{GS} 的大小，就可以控制沟道电阻的大小，从而达到控制电流 I_D 的大小，随着 U_{GS} 的增强，导电性能也增强，故称之为增强型。

必须强调，这种管子当 $U_{GS} < U_{GS(th)}$ 时，反型层（导电沟道）消失，$I_D = 0$。只有当 $U_{GS} \geqslant U_{GS(th)}$ 时，才能形成导电沟道，并有漏极电流 Ｉ Ｄ。

(3) 特性曲线

①转移特性曲线为

$$I_D = f(U_{GS})\Big|_{U_{DS}=常数}$$

由图 6-26 所示的转移特性曲线可见，当 $U_{GS} < U_{GS(th)}$ 时，导电沟道没有形成，$I_D = 0$。当 $U_{GS} \geqslant U_{GS(th)}$ 时，开始形成导电沟道，并随着 U_{GS} 的增大，导电沟道变宽，沟道电阻变小，漏极电流 I_D 增大。

②输出特性曲线为

$$I_D = f(U_{DS})\Big|_{U_{GS}=常数}$$

图 6-27 为输出特性曲线，与结型场效应管类似，也分为可变电阻区、恒流区（放大区）、夹断区和击穿区，其含义与结型场效应管输出特性曲线的几个区相同。

图 6-26　转移特性曲线　　　图 6-27　输出特性曲线

2. N沟道耗尽型MOS管

(1) 结构、符号和工作原理

N 沟道耗尽型 MOS 管的结构如图 6-28(a) 所示，图形符号如图 6-28(b) 所示。N 沟道耗尽型 MOS 管在制造时，在二氧化硅绝缘层中掺入了大量的正离子，这些正离子的存在，使得 $U_{GS}=0$ 时，就有垂直电场进入半导体，并吸引自由电子到半导体的表层而形成 N 型导电沟道。

(a) 结构示意图　　　　(b) 图形符号

图 6-28　N沟道耗尽型 MOS 管的结构示意图和图形符号

如果在栅、源之间加负电压，U_{GS} 所产生的外电场就会削弱正离子所产生的电场，使得沟道变窄，电流 I_D 减小；反之，电流 I_D 增加。故这种 MOS 管的栅 - 源电压 U_{GS} 可以是正的，也可以是负的。改变 U_{GS}，就可以改变沟道的宽窄，从而控制漏极电流 I_D。

(2) 特性曲线

①输出特性曲线。N 沟道耗尽型 MOS 管的输出特性曲线如图 6-29(a) 所示，曲线可分为可变电阻区、恒流区（放大区）、夹断区和击穿区。

②转移特性曲线。N 沟道耗尽型 MOS 管的转移特性曲线如图 6-29(b) 所示。从图中可以看出，这种 MOS 管可正可负，且栅 - 源电压 U_{GS} 为零时，灵活性较大。

当 $U_{GS}=0$ 时，靠绝缘层中正离子在 P 型衬底中感应出足够的电子，而形成 N 型导电沟道，获得一定的 I_{DSS}；当 $U_{GS}>0$ 时，垂直电场增强，导电沟道变宽，电流 I_D 增大；当 $U_{GS}<0$ 时，垂直电场减弱，导电沟道变窄电流 I_D 减小；当 $U_{GS}=U_{GS(th)}$ 时，导电沟道全夹断，$I_D=0$。

(a) 输出特性曲线　　　　　　　(b) 转移特性曲线

图 6-29　N 沟道耗尽型 MOS 管特性曲线

6.4.3　场效应管的主要参数及注意事项

1. 主要参数

(1) 开启电压 $U_{GS(th)}$ 和夹断电压 $U_{GS(off)}$

U_{DS} 等于某一定值，使漏极电流 I_D 等于某一微小电流时，栅、源之间所加的电压 U_{GS}，①对于增强型场效应管，称为开启电压 $U_{GS(th)}$；②对于耗尽型场效应管和结型场效应管，称为夹断电压 $U_{GS(off)}$。

(2) 饱和漏极电流 I_{DSS}

饱和漏极电流是指工作于饱和区时，耗尽型场效应管在 $U_{GS}=0$ 时的漏极电流。

(3) 低频跨导 g_m（又称低频互导）

低频跨导是指 U_{DS} 为某一定值时，漏极电流 I_D 的微变量和引起这个变化的栅 - 源电压 U_{GS} 微变量之比，即

$$g_m = \frac{\Delta I_D}{\Delta U_{GS}}\Big|_{U_{DS}=\text{常数}}$$

式中 ΔI_D———漏极电流的微变量

ΔU_{GS} 为栅 - 源电压微变量。g_m 反映了 U_{GS} 对 I_D 的控制能力，是表征场效应管放大能力的重要参数，单位为西门子（S）。g_m 一般十分之几到几 mS。g_m 也就是转移特性曲线上工作点处切线的斜率。

(4) 直流输入电阻 R_{GS}

直流输入电阻是指漏、源间短路时，栅、源间的直流电阻值，一般大于 $10^8\,\Omega$。

(5) 漏 - 源击穿电压 $U_{(BR)DS}$

漏 - 源击穿电压是指漏、源间能承受的最大电压，当 U_{DS} 值超过 $U_{(BR)DS}$ 时，栅、漏间发生击穿，I_D 开始急剧增加。

(6) 栅 - 源击穿电压 $U_{(BR)GS}$

栅 - 源击穿电压是指栅、源间所能承受的最大反向电压，U_{GS} 值超过此值时，栅、源间发生击穿，I_D 由零开始急剧增加。

(7) 最大耗散功率 P_{DM}

最大耗散功率 $P_{DM} = U_{DS}I_D$，与半导体三极管的 P_{CM} 类似，受场效应管最高工作温度的限制。

2. 注意事项

①在使用场效应管时，要注意漏 - 源电压 U_{DS}、漏 - 源电流 I_D、栅 - 源电压 U_{GS} 及耗散功率等值不能超过最大允许值。

②场效应管从结构上看漏、源两极是对称的，可以互相调用，但有些产品制作时已将衬底和源极在内部连在一起，这时漏、源两极不能对换用。

③结型场效应管的栅 - 源电压 U_{GS} 不能加正向电压，因为它工作在反偏状态。通常各极在开路状态下保存。

④绝缘栅型场效应管的栅、源两极绝不允许悬空，因为栅、源两极如果有感应电荷，就很难泄放，电荷积累会使电压升高，而使栅极绝缘层击穿 造成管子损坏。因此要在栅、源间绝对保持直流通路，保存时务必用金属导线将 3 个电极短接起来。在焊接时，烙铁外壳必须接电源地端，并在烙铁断开电源后再焊接栅极，以避免交流感应将栅极击穿，并按 S、D、G 极的顺序焊好之后，再去掉各极的金属短接线。

⑤注意各极电压的极性不能接错。

本章小结

①半导体导电能力取决于其内部空穴和自由电子两种载流子的多少。本征半导体有热敏性、光敏性和掺杂性，杂质半导体分为 N 型和 P 型两种。N 型半导体中电子是多子，空穴是少子；P 型半导体空穴是多子，电子是少子。

习　题

1. 硅二极管和锗二极管的伏安特性有何区别？

2. 欲使二极管具有良好的单向导电性，管子的正向电阻和反向电阻分别为大一些好，还是小一些好？

3. 用万用表测量二极管的正向电阻时，常发现不同的欧姆挡测出的电阻值不相同，用 "R×100" 挡的阻值小，"R×1K" 挡测出的阻值大，这是什么道理？

4. 三极管的发射极和集电极是否可以调换使用，为什么？

5. 如何用万用电表判断三极管的各极？

6. 在如图 6-30 所示的电路中，二极管是导通的还是截止的？

(a)   (b)   (c)

图 6-30 题 6 图

7. 在图 6-31 所示电路中，已知 $E = 5V$，输入电压 $U_i = 10\sin \omega t V$，试画出输出电压 U_0 的波形。

(a)   (b)

图 6-31 题 7 图

8. 在电路中测得晶体管各电极对电位参考点的直流电压如下，试确定它们各为哪个电极，晶体管是 NPN 还是 PNP 型。

A 管：$U_x = 12V$，$U_y = 11.7V$，$U_z = 6V$；

B 管：$Ux = 5.2V$，$U_y = -1V$，$U_z = -5.5V$。

9. 测得放大电路中，三极管的各极电位如图 6-32 所示，试判断各三极管分别工作在截止区、放大区还是饱和区。

图 6-32 三极管的各极电位

第7章 基本放大电路

本章首先介绍了基本放大电路的组成及工作原理，然后介绍了放大器的图解分析法、静态工作点的稳定方法、用微变等效电路分析小信号放大器的方法和射极输出器的分析方法，场效应管的分析方法，最后介绍了多级放大电路及功率放大器的分析方法和放大电路中反馈的概念和对电路的影响。

本章要点

- 基本放大电路的组成及工作原理；
- 场效应管放大电路；
- 多级放大电路；
- 互补对称放大电路；
- 反馈放大电路。

7.1 基本放大电路的组成及工作原理

7.1.1 放大电路的组成

放大电路可由正弦波信号源 U_S，三极管 VT，输出负载 R_L 及电源偏置电路（U_{BB}、R_b、U_{CC}、R_c）组成，如图 7-1 所示。由于电路的输入端口和输出端口有 4 个头，而三极管只有 3 个电极，必然有一个电极共用，因而就有共发射极（简称共射极）、共基极、共集电极 3 种组态的放大电路。图 7-1 所示为最基本的共射极放大电路。

图 7-1 基本共射极放大电路

下面分析基本放大电路中各元件的作用。

①图中三极管采用 NPN 型硅管，具有电流放大作用，使 $I_c = \beta I_B$。

②图中基极电阻 R_b 又称偏流电阻，它和电源 U_{BB} 一起给基极提供一个合适的基极直流 I_B，使三极管能工作在特性曲线的线性部分。

③图中 R_C 为集电极负载电阻。当三极管的集电极电流受基极电流控制而发生变化时，流过负载电阻的电流会在集电极电阻 R_C 上产生电压变化，从而引起 U_{CE} 的变化，这个变化的电压就是输出电压 U_0，假设 $R_C = 0$，则 $U_{CE} = U_{CC}$，当 I_C 变化时，U_{CE} 无法变化，因而就没有交流电压传送给负载 R_L。

④图中耦合电容 C_1、C_2 起到一个"隔直通交"的作用，它把信号源与放大电路之间，放大电路与负载之间的直流隔开。在图 7-1 所示电路中，C_1 左边、C_2 右边只有交流而无直流，中间部分为交、直流共存。耦合电容一般多采用电解电容器。在使用时，应注意它的极性与加在它两端的工作电压极性相一致，正极接高电位，负极接低电位。

7.1.2　放大电路的两种工作状态

1. 静态工作情况分析

在图 7-2 所示电路中，当 $U_i = 0$ 时，放大电路中没有交流成分，称为静态工作状态，这时耦合电容 C_1、C_2 视为开路，直流通路如图 7-3(a) 所示。其中基极电流 I_B，集电极电流 I_C 及集 - 射极间电压 U_{CE} 只有直流成分，无交流输出，用 I_{BQ}、I_{CQ}、U_{CEQ} 表示。它们在三极管特性曲线上所确定的点称为静态工作点，用 Q 表示，如图 7-3(b) 所示。

图 7-2　放大电路的习惯画法

(a) 直流通路　　　　　　　(b) 三极管特性曲线

图 7-3　静态工作情况

2. 动态工作情况分析

输入端加上正弦交流信号电压 U_i 时，放大电路的工作状态为动态。这时电路中既有直流成分，也有交流成分，各极的电流和电压都是在静态值的基础上再叠加交流分量，如图 7-4 所示。

（a）输入端加交流信号

（b）基极电流叠加

（c）集电极电流叠加

（d）R_c 两端电压叠加

（e）集—射极电压叠加

图 7-4　放大电路的各极间波形

在分析电路时，一般用交流通路来研究交流量及放大电路的动态性能。所谓交流通路就是交流电流流通的途径，在画法上遵循两条原则：

①将原理图中的耦合电容 C_1、C_2 视为短路；

②电源 U_{CC} 的内阻很小，对交流信号视为短路。交流通路如图 7-5 所示。

3. 图解分析法

对一个放大电路的分析，有两个方面：第一，确定静态工作点，求解 I_{BQ}、I_{CQ}、U_{CEQ} 值；第二，计算

图 7-5　放大电路的交流通路

放大电路在有信号输入时的放大倍数以及输入阻抗、输出阻抗等。常用的分析方法有两种：

图解法和微变等效电路法。图解法适用分析大信号输入情况，而微变等效电路法适合微小信号的输入情况。

图解法就是在三极管特性曲线上，用作图的方法来分析放大电路的工作情况，它能直观地反映放大器的工作原理。

(1) 用图解法确定静态工作点

在分析静态值时，只需研究直流通路，图 7-6(a) 所示放大电路的直流通路如图 7-6(b) 所示。用图解法分析电路的步骤如下：

（i）作直流负载线

$$U_{CE} = U_{CC} - I_C R_c$$

所以

$$I_C = \frac{U_{CC} - U_{CE}}{R_C} = \frac{U_{CC}}{R_C} - \frac{U_{CE}}{R_C} \tag{7-1}$$

由于式 (7-1) 是一条直线型方程，当 U_{CC} 选定后，这条直线就完全由直流负载电阻 R_c 确定，所以把这条直线叫作直流负载线。直流负载线的做法是：找出两个特殊点 $M(U_{CC}, 0)$ 和 $N(0, U_{CC}/R_C)$，将 M、N 连接，如图 7-6(c) 所示。其直流负载线的斜率为

$$k = \tan \alpha = \frac{-1}{R_c} \tag{7-2}$$

(a) 放大电路   (b) 直流通路   (c) 静态工作点

图 7-6　放大电路图解法

（ii）确定静态工作点

利用 $I_{BQ} = (U_{CC} - U_{BEQ})/R_B$，求得 I_{BQ} 的近似值（对于 U_{BEQ}，硅管一般取 0.7V，锗管取 0.3V）。在输出特性曲线上，确定 $I_B = I_{BQ}$ 的一条曲线。该曲线与直线 MN 的交点 Q 就是静态工作点。Q 点所对应的静态值 I_{CQ}、I_{BQ} 和 U_{CEQ} 也就求出来了。

【例 7.1】　求图 7-6(a) 所示电路的静态工作点。

解：a）作直流负载线

当 $I_C = 0$ 时，　U　$U_{CE} = U_{CC} = 20V$，　即　$M(20, 0)$；　当 $U_{CE} = 0$ 时，

$I_C = U_{CC} / R_C = 20V / 6k\Omega = 3.3\text{mA}$，即 $N(0, 3.3)$；将 M、N 连接，此即直流负载线。

b) 求静态电流

$$I_{BQ} = \frac{U_{CC} - U_{BEQ}}{R_b} = \frac{(20 - 0.7)V}{470k\Omega} \approx 0.04\text{mA} = 40\mu A$$

如图 7-6(c) 所示，$I_{BQ} = 40\mu A$ 的输出特性曲线与直流负载线 MN 交于 $Q(9, 1.8)$，即静态值为 $I_{BQ} = 40\mu A$，$I_{CQ} = 1.8\text{mA}$，$U_{CEQ} = 9V$。

(2) 动态图解分析法

①空载分析。放大电路的输入端有输入信号，输出端开路，这种电路称为空载放大电路，虽然电压和电流增加了交流成分，但输出回路仍与静态的直流通路完全一样。

因为

$$u_{CE} = U_{CC} - i_C R_C \tag{7-3}$$

所以，可用直流负载线来分析空载时的电压放大倍数。设图 7-7(a) 中输入信号电压

$$u_i = 0.02\sin\omega t V$$

则

$$u_{BE} = U_{BEQ} + u_i$$

由图 7-7(a) 所示基极电流 $i_B = I_{BQ} + i_i = (40 + 20\sin\omega t)\mu A$。

根据 i_B 的变化情况，在图 7-7(b) 中进行分析，可知工作点是在以 Q 为中心的 Q_1、Q_2 两点之间变化，u_i 的正半周在 QQ_1 段，负半周在 QQ_2 段。因此画出 i_C 和 u_{CE} 的变化曲线如图 7-7(b) 所示，它们的表达式为

$$i_C = (1.8 + 0.7\sin\omega t)\text{mA}$$

$$u_{CE} = (9 - 4.3\sin\omega t)V$$

（a）交流分析　　　　（b）静态分析

图 7-7 空载图解分析法

输出电压为

$$u_0 = -4.3 \sin \omega t = (\omega t + \pi)V$$

所以电压放大倍数为

$$A_u = \frac{U}{U_i} = \frac{U_{om}}{U_{im}} = \frac{-4.3V}{0.02} = -215$$

②带负载的动态分析。在图 7-6(a) 所示电路中接上负载 R_L。从输入端看 R_b 与发射极并联，从集电极看 R_C 和 R_L 并联。此时的交流负载为 $R'_L = R_C // R_L$，显然 $R'_L < R_C$。且在交流信号过零点时，其值在 Q 点，所以交流负载线是一条通过 Q 点的直线，其斜率为

$$k' = \tan \alpha' = \frac{-1}{R'_L} \tag{7-4}$$

(3) 静态工作点对输出波形失真的影响

对一个放大电路而言，要求输出波形的失真尽可能地小。但是，如果静态值设置不当，即静态工作点位置不合适，将出现严重的非线性失真。在图 7-8 中，设正常青况下静态工作点位于 Q 点，可以得到失真很小的 i_C 和 u_{CE} 波形。当调节 R_b，使静态工作点设置在 Q_1 点或 Q_2 点时，输出波形将产生严重失真。

①饱和失真。静态工作点设置在 Q_1 点，这时虽然 i_B 正常，但 i_C 的正半周和 u_{CE} 的负半周出现失真。这种失真是由于 Q 点过高，使其动态工作点进入饱和区而引起的失真，因而称作"饱和失真"。

②截止失真。当静态工作点设置在 Q_2 点时，i_B 严重失真，使 i_C 的负半周和 u_{CE} 的正半周进入截止区而造成失真，因此称作"截止失真"。饱和失真和截止失真都是由于三极管工作在特性曲线的非线性区所引起的，因而叫作非线性失真。适当调整电路参数使 Q 点合适，可降低非线性失真程度。

图 7-8 静态工作点对输出波形失真的影响

4. 微变等效电路法

三极管各极电压和电流的变化关系，在较大范围内是非线性的。如果三极管工作在小信号情况下，信号只是在静态工作点附近小范围变化，三极管特性可看成是近似线性的，可用一个线性电路来代替，这个线性电路就称为三极管的微变等效电路。

(1) 三极管微变等效

①输入端等效。图 7-9(a) 是三极管的输入特性曲线，是非线性的。如果输入信号很小，在静态工作点 Q 附近的工作段可近似地认为是直线。在图 7-10（a）中，当 U_{CE} 为常数时，从 b、e 看进去三极管就是一个线性电阻，则

$$r_{be} = \frac{\Delta U_{BE}}{\Delta I}$$

低频小功率三极管的输入电阻常用下式计算

$$r_{be} = 300 + \frac{(\beta+1) \times 26\,(\text{mV})}{I_E\,(\text{mA})} \tag{7-5}$$

式 (7-5) 中，I_E 为发射极静态电流。

（a）输入特性曲线 　（b）输出特性曲线

图 7-9　三极管特性曲线

②输出端等效。图 7-9(b) 是三极管的输出特性曲线簇，若动态是在小范围内，特性曲线不但互相平行、间隔均匀，且与 u_{CE} 轴线平行。当 u_{CE} 为常数时，从输出端 c、e 极看，三极管就成了一个受控电流源，如图 7-10（a）所示，则

$$\Delta I_C = \beta \Delta I_B$$

由上述方法得到的三极管微变等效电路如图 7-10（b）所示。

(a) 三极管 　　　　　　　　(b) 三极管的微变等效电路

图 7-10 三极管及微变等效电路

(2) 放大电路的微变等效电路

通过放大电路的交流通路和三极管的微变等效，可得出放大电路的微变等效电路，如图 7-11 所示。

(a) 基本放大电路的交流通路　　(b) 基本放大电路的微变等效电路

图 7-11　基本放大电路的交流通路及微变等效电路

(3) 用微变等效电路求动态指标

静态值仍由直流通路确定，而动态指标可用微变等效电路求得。

①电压放大倍数 A_u。设在图 7-12(b) 中输入正弦信号，因为

$$U_i = i_B r_{be}$$

$$U_o = -I_C R'_L = -\beta I_B R'_L$$

故

$$A_u = \frac{U_o}{U_i} = -\beta R'_L / r_{be}$$

当负载开路时

$$A_u = \frac{-\beta R_C}{r_{be}}$$

式中 $R'_L = R_L // R_C$。

②输入电阻 r_i。r_i 是指电路的动态输入电阻，由图 7-11(b) 中可看出

$$r_i = \frac{U_i}{I_i} = R_b // r_{be} \approx r_{be}$$

③输出电阻 r_o。r_o 是由输出端向放大电路内部看到的动态电阻，因 $r_{ce} \gg R_C$，所以

$$r_o = r_{ce} // R_C \approx R_C$$

【例 7.2】　在图 7-12(a) 所示电路中，$\beta = 50$，$U_{BE} = 0.7V$ V，试求：

(1) 静态工作点参数 I_{BQ}、I_{CQ}、U_{CEQ} 的值。

(2) 计算动态指标 A_u、r_i、r_o 的值。

(a) 原理图　　　　　　　　　　　(b) 微变等效电路

图 7-12　用微变等效电路求动态指标

解：(1) 求静态工作点参数

$$I_{BQ} = \frac{U_{CC} - U_{BEQ}}{R_b} = \frac{12 - 0.7}{280 \times 10^3} A \approx 0.04 \text{mA}$$

$$I_{CQ} = \beta I_{BQ} = 50 \times 0.04 \times 10^{-3} A = 2 \text{mA}$$

$$U_{CEQ} = U_{CC} - I_{CQ}R_C = 12 - 2 \times 10^{-3} \times 3 \times 10^3 A = 6V$$

画出微变等效电路如图 7-12(b) 所示。

$$r_{be} = 300 + \frac{(\beta + 1)26(\text{mA})}{I_E} = 300 + \frac{51 \times 26(\text{mA})}{2(\text{mA})}$$

$$= 963\Omega \approx 0.96 k\Omega$$

(2) 计算动态指标

$$\dot{A}_u = \frac{-\beta R'_L}{r_{be}} = \frac{-50 \times (3/3)k\Omega}{0.96k\Omega} = -78.1$$

$$r_i = R_b // r_{be} \approx r_{be} = 0.96 k\Omega$$

$$r_o \approx R_C = 3k\Omega$$

7.1.3　分压式偏置电路

在放大器中偏置电路是必不可少的组成部分, 在设置偏置电路中应考虑以下两个方面:

① 偏置电路能给放大器提供合适的静态工作点。

② 温度及其他因素改变时, 偏置电路能使静态工作点稳定。

1. 固定偏置电路

图 7-13 所示电路为固定偏置电路, 设置的静态工作点参数为

$$I_{BQ} = \frac{U_{CC} - U_{BEQ}}{R_b}$$

$$I_{CQ} = \beta I_{BQ} + (1 + \beta) I_{CBO}$$

$$U_{CEQ} = U_{CC} - I_{CQ}R_C$$

只有当 $U_{CC} \geqslant U_{BEQ}$ 时

$$I_{BQ} = \frac{U_{CC}}{R_b}$$

$$I_{CQ} = \beta I_{BQ} + (1+\beta) I_{CBO}$$

$$U_{CEQ} = U_{CC} - I_{CQ} R_c$$

当 U_{CC} 和 R_b 一定时, U_{BE} 基本固定不变, 故称固定偏置电路。但是在这种电路中, 由于三极管参数 β、I_{CBO} 等随温度而变, 而 I_{CQ} 又与这些参数有关, 因此当温度发生变化时, 导致 I_{CQ} 的变化, 使静态工作点不稳定, 如图 7-14 所示。

图 7-13　固定偏置电路

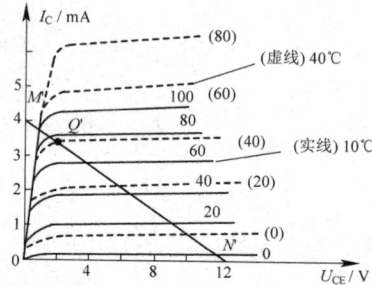

图 7-14　温度对静态工作点的影响

2. 分压式偏置电路

前面分析的固定偏置电路在温度升高时, 三极管特性曲线膨胀上移, Q 点升高, 使静态工作点不稳定。为了稳定静态工作点, 我们可以采用分压偏置电路, 如图 7-15 所示。

(a) 直流通路　　　　　　(b) 微变等效电路　　　　　　(c) 微变等效电路 (Ce 开路)

图 7-15　分压式偏置电路的分析电路

为了使静态工作点稳定, 必须使 U_B 基本不变, 温 $T \uparrow \rightarrow I_{CQ} \uparrow$ ($I_{EQ} \uparrow$) $\rightarrow U_E$ $\uparrow \rightarrow U_{BE} \downarrow \rightarrow I_{BQ} \downarrow \rightarrow I_{CQ} \downarrow$。反之亦然。由上述分析可知, 分压式偏置电路稳定静态工作点的实质是固定 U_B 不变, 通过 $I_{CQ} (I_{EQ})$ 变化, 引起 U_E、U_{BE} 的改变, 从而抑制 $I_{CQ} (I_{EQ})$ 改变。所以在实现上述稳定过程时必须满足以下两个条件:

① 只有 $I_1 \geqslant I_{BQ}$ 才能使

$$U_{BQ} = U_{CC} R_{b2} / (R_{b1} + R_{b2})$$

基本不变, 一般取

$$I_1 = (5 \sim 10) I_{BQ} \qquad \text{(硅管)}$$

$$I_1 = (10 \sim 20)I_{BQ} \qquad (锗管)$$

②当 U_B 太大时必然导致 U_E 太大，使 U_{CE} 减小，从而缩小了放大电路的动态工作范围。因此，U_B 不能选取太大。一般取

$$U_B = (3 \sim 5)\text{V} \qquad (硅管)$$

$$U_B = (1 \sim 3)\text{V} \qquad (锗管)$$

3. 分析方法

(1) 静态分析

作静态分析时，先画出直流通路如图 7-15(a) 所示。根据 $U_{BQ} = U_{CC}R_{b2}/(R_{b1}+R_{b2})$，可得

$$I_{CQ} \approx I_{EQ} = (U_{BQ} - U_{BEQ})/R_e \approx \frac{R_{b2}}{R_{b1}+R_{b2}}\frac{U_{CC}}{R_e}$$

$$I_{BQ} = I_{CQ}/\beta$$

$$U_{CEQ} = U_{CC} - I_{CQ}R_e - I_{EQ}R_e \approx U_{CC} - I_{CQ}(R_c + R_e)$$

【例 7.3】　在图 7-15(a) 中，若已知 $\beta = 50$，$U_{BEQ} = 0.7V$，$R_{b1} = 50k\Omega$，$R_{b2} = 20k\Omega$，$R_c = 5k\Omega$，$R_e = 2.7k\Omega$，$U_{CC} = 12V$，求静态工作点参数。

解：
$$U_{BQ} = \frac{R_{b2}U_{CC}}{R_{b1}+R_{b2}} = \frac{20\times12}{20+50} = 3.4V$$

$$I_{CQ} \approx I_{EQ} = \frac{U_{BQ}-U_{BEQ}}{R_e} = \frac{(3.4-0.7)V}{2.1\times10^3\Omega} = 1mA$$

所以
$$I_{BQ} = \frac{I_{CQ}}{\beta} = 0.02\text{mA} = 20\mu A$$

$$U_{CEQ} = U_{CC} - I_{CQ}(R_c + R_e) = [12-1\times(5+2.7)]V = 4.3V$$

(2) 动态分析

当发射极电阻 R_e 有直流 I_{EQ} 通过时，产生压降 U_{EQ} 会自动稳定静态工作点，但交流分量 i_e 通过时，也会产生交流压降，使 u_{ce} 减小，这样会降低电压放大倍数，为此在 R_e 两端可并联一个电容 C_e。

①带 C_e 的情况。动态时，C_e 短路掉 R_e，其微变等效电路如图 7-15(b) 所示，这时与固定偏流电路放大倍数相同。

$$A_u = \frac{U_o}{U_i} = \frac{-\beta I_b R'_L}{I_b r_{be}} = \frac{-\beta R'_L}{r_{be}}$$

$$R'_L = R_C // R_L$$

$$r_i = \frac{U_i}{I_i} = R_{b1} // R_{b2} // r_{be}$$

$$r_o = r_{ce} // R_c \approx R_c$$

【例7.4】 在例7.3题中，若$R_L = 5k\Omega$，求A_u，r_i，r_o。

解

$$r_{be} = 300 + (1+\beta)26/I_{EQ} = 300 + (1+50)26/1 = 1.326k\Omega$$

$$R'_L = R_c // R_L = [5 \times 5/(5+5)]k\Omega = 2.5k\Omega$$

$$A_u = -\beta R'_L / r_{be} = -50 \times 2.5/1.326 = -94.3$$

$$r_i = R_{b1} // R_{b2} // r_{be} = 20 // 10 // 1.326k\Omega = 1.1k\Omega$$

$$r_o = R_c = 5k\Omega$$

② C_e开路情况。C_e开路时的微变等效电路如图7-15(c)所示。
电压放大倍数

$$A_u = \frac{U_o}{U_i} = \frac{-\beta I_B R_L}{I_B r_{be} + I_E R_e} = \frac{-\beta R'_L}{r_{be} + (1+\beta)R_e}$$

输入电阻：从bb'看进去，似乎r_{be}与R_e串联，其实不是，因为r_{be}与R_e通过的不是同一个电流，可以等效地认为发射极接有$(1+\beta)R_e$电阻，而通过电流为I_b，$U_e = (1+\beta)R_e \times I_B$的值不变，这样可看成$r'_i = r_{be} + (1+\beta)R_e$，所以

$$r_i = R_{b1} // R_{b2} // r'_i = R_{b1} // R_{b2} // [r_{be} + (1+\beta)R_e]$$

输出电阻：由于受控恒流源的开路作用因而$r_o = R_c$。

7.1.4 射极输出器

射极输出器电路如图7-16(a)所示，它是从基极输入信号，从发射极输出信号。从它的交流通路图7-16(c)可以看出，输入、输出共用集电极，所以称为共集电极放大电路。

(a) 共集电极放大电路　　　　　　　　(b) 直流通路

(c) 交流通路　　　　　　　　(d) 微变等效电路

图 7-16　共集电极放大电路

共集电极电路分析

(1) 静态分析

由图 7-16(b) 的直流通路可得

$$U_{CC} = I_{BQ}R_b + U_{BEQ} + I_{EQ}R_e$$

即得

$$I_{CQ} \approx I_{EQ} = \frac{U_{CC} - U_{BEQ}}{R_e + \dfrac{R_b}{1+\beta}}$$

$$I_{BQ} = \frac{I_{CQ}}{\beta}$$

$$U_{CEQ} \approx U_{CC} - I_{EQ}R_e$$

(2) 动态分析

①电压放大倍数可由图 7-16(d) 所示的微变等效电路得出。

因为

$$U_o = I_E R'_L = (1+\beta)i_B R'_L$$

式中 $R'_L = R_e // R_L$。

$$U_i = I_B r_{be} + I_E R'_L = I_B r_{be} + (1+\beta)I_B R_L$$

所以　　　$$A_u = \frac{U_o}{U_i} = \frac{(1+\beta)I_B R'_L}{I_B r_{be} + (1+\beta)I_B R'_L} = \frac{(1+\beta)R'_L}{r_{be} + (1+\beta)R'_L} \leqslant 1$$

由于式中的 $(1+\beta)R'_L \geqslant r_{be}$，因而 A_u 略小于 1，又由于输出、输入同相位，输出跟随输入，且从发射极输出，故又称射极输出器或射极跟随器，简称射随器。

②输入电阻 r_i 可由微变等效电路得出，由 $r_i = R_b // \left[r_{be} + (1+\beta)R'_L\right]$ 可见，共集电极电路的输入电阻很高，可达几十千欧到几百千欧。

③输出电阻 r_o 可由图 7-17 的等效电路来求得。将信号源短路，保留其内阻，在输出

端去掉 R_L，加一交流电压 U_b，产生电流 I_o，则

$$I_o = I_B + \beta I_B + I_E$$

$$= \frac{U_o}{r_{be} + R_s \,/\!/ R_b} + \frac{\beta U_o}{r_{be} + R_s \,/\!/ R_b} + \frac{U_o}{R_e}$$

式中 $I_B = \dfrac{U_o}{r_{be} + R_s \,/\!/ R_b}$ 。

图 7-17 计算 r_o 等效电路

所以 $$r_o = \frac{U_o}{I_o} = \frac{R_e \left[r_{be} + \left(R_s \,/\!/ R_b \right) \right]}{\left(1 + \beta \right) R_e + \left[r_{be} + \left(R_s \,/\!/ R_b \right) \right]}$$

通常 $$\left(1 + \beta \right) R_e >> \left[r_{be} + R_s \,/\!/ R_b \right]$$

故 $$r_o \approx \frac{r_{be} + R_s \,/\!/ R_b}{\beta}$$

由上式可见，射极输出器的输出电阻很小，若把它等效成一个电压源，则具有恒压输出特性。

(3) 射极输出器的特点及应

虽然射极输出器的电压放大倍数 A_u 略小于 1，但输出电流 I_E 是基极电流的 $(1+\beta)$ 倍。它不但具有电流放大和功率放大的作用，而且具有输入电阻高、输出电阻低的特点。

由于射极输出器输入电阻高，向信号源吸取的电流小，对信号源影响也小，因而一般用它作输入极。又由于它的输出电阻小，负载能力强，当放大器接入的负载变化时，可保持输出电压稳定，适用于多级。

同时，它还可作为中间隔离级。在多级共射极放大电路耦合中，往往存在着前级输出电阻大，后级输入电阻小而造成的耦合中的信号损失，使得放大倍数下降。利用射极输出器输入电阻大、输出电阻小的特点，可与输入电阻小的共射极电路配合，将其接入两级共射极放大电路之间，在隔离前后级的同时，起到阻抗匹配的作用。

7.2　场效应管放大电路

由于场效应管具有输入电阻高的特点，它适用于作为多级放大电路的输入极，尤其对高内阻的信号源，采用场效应管才能有效地放大。场效应管与三极管比较，源极、漏极、栅极相当于发射极、集电极、基极，即 S→e，D→c，G→b。场效应管有共源极放大电路和源极输出器两种电路。下面就这两种电路进行静态和动态分析。

7.2.1　静态分析

场效应管是电压控制器件，它没有偏流，关键是建立适当的栅 - 源偏压 U_{GS}。

1. 自偏压电路分析

结型场效应管常用的自偏压电路如图 7-18 所示。在漏极电源作用下

$$U_{GS} = U_G - U_S = 0 - I_D R_S = -I_D R_S$$

$$U_{DS} = U_{DD} - I_D (R_D + R_S)$$

这种电路不宜用增强型 MOS 管，因为静态时该电路不能使管子开启（即 $I_D = 0$）。

2. 分压式自偏压电路

分压式偏置电路如图 7-19 所示，其中 R_{C1} 和 R_{C2} 为分压电阻。

图 7-18　自偏压电路图　　　　图 7-19　分压式偏置电路

$$U_{GS} = U_G - I_D R_S = \frac{U_{DD} R_{G2}}{R_{G1} + R_{G2}} - I_D R_S$$

式中 U_G 为栅极电位，对 N 沟道耗尽型管，$U_{GS} < 0$，所以，$I_D R_S > U_G$；对 N 沟道增强型管，$U_{GS} > 0$，所以 $I_D R_S < U_G$。

7.2.2 动态分析

1. 场效应管等效电路

场效应管与三极管等效电路对照图如图 7-20 所示，由于场效应管输入电阻 r_{gs} 很大，故输入端可看成开路。

2. 动态分析

场效应管放大电路的动态分析可采用图解法和微变等效电路分析法，其分析方法和步骤与三极管放大电路相同，下面以图 7-21 所示电路为例，用微变等效电路来进行分析。

(a) 三极管等效电路　　　(b) 场效应管等效电路

图 7-20　场效应管与三极管等效电路对照图

(1) 接有电容 C_S 的情况

图 7-19 电路的微变等效电路如图 7-21(a) 所示。

(a) 接有 C S 时的等效电路　　　(b) C S 开路时的等效电路

图 7-21　图 7-19 的场效应管等效电路

由图可知

$$U_o = -g_m U_{GS} R'_L$$

$$R'_L = R_D // R_L$$

$$U_i = U_{GS}$$

电压放大倍数

$$A_u = \frac{U_o}{U_i} = g_m R'_L$$

输入电阻

$$r = \frac{U_o}{I} = R_{G3} + \left(R_{G1} // R_{G2}\right) \approx R_{G3}$$

输出电阻，当 $U_i = 0$ 时

$$U_{GS} = 0$$

则恒流源

$$g_m U_{GS} = 0$$

所以

$$r_o = R_D$$

(2) 电容 C_S 开路情况

电容 C_S 开路时的等效电路如图 7-21(b) 所示。由图可知

$$U_o = -g_m U_{GS} R'_L$$
$$U_i = U_{GS} + g_m U_{GS} R_S = U_{GS}\left(1 + g_m R_S\right)$$

电压放大倍数

$$A_u = \frac{U_o}{U_i} = -\frac{g_m R'_L}{1 + g_m R_S}$$

输入电阻与输出电阻

$$r_i = \frac{U_i}{I_i} = R_{G3} + \left(R_{G1} // R_{G2}\right) \approx R_{G3}$$
$$r_o = R_D$$

【例 7.5】　在图 7-19 所示电路中，已知 $U_{DD} = 20V$ ，$R_D = 10k\Omega$ ，$R_S = 10k\Omega$ ，$R_{G1} = 200k\Omega$ ，$R_{G2} = 51k\Omega$ ，$R_{G3} = 1M\Omega$ ，$R_L = 10k\Omega$ ，其场效应管参数为：$I_{DSS} = 0.9\text{mA}$ ，$U_{GS(off)} = -4\text{V}$ ，$g_m = 1.5\text{mA/V}$ 。试求该电路的静态参数和动态指标 A_u 、r_i 、r_o 。

解：(1) 求静态参数，由电路图可知

$$U_G = \frac{U_{DD} R_{G2}}{R_{G1} + R_{G2}} = \frac{20 \times 51 \times 10^3}{(200 + 51) \times 10^3} \approx 4V$$

$$U_{GS} = U_G - I_D R_S = 4 - 10 I_D$$

$$I_D = 0.9\left(1 + \frac{U_{GS}}{4}\right)^2 \quad \left[I_D = I_{DSS}\left(1 - U_{GS} / U_{GS(off)}\right)^2\right]$$

方程组联立求解

$$I_D = 0.5\text{mA}, U_{GS} = -1\text{V}$$
$$U_{DS} = U_{DD} - I_D\left(R_D + R_S\right)$$
$$= 20 - 0.5(10 + 10) = 10\text{V}$$

(2) 求动态指标

$$A_u = -g_m R'_L = -g_m (R_D // R_L)$$

$$= -1.5 \times \frac{10 \times 10}{10 + 10} = -7.5$$

$$r_i \approx R_{G3} = 1\text{M}\Omega$$

$$r_o \approx R_D = 10\text{k}\Omega$$

7.3　多级放大电路

在实际的电子设备中，为了得到足够大的放大倍数或者使输入电阻和输出电阻达到指标要求，一个放大电路往往由多级组成。多级放大电路由输入级、中间级及输出级组成。如图 7-22 所示。于是，可以分别考虑输入级如何与信号源配合，输出级如何满足负载的要求，中间级如何保证放大倍数足够大。各级放大电路可以针对自己的任务来满足技术指标的要求，本章只讨论由输入级到输出级组成的多级小信号放大电路。

图 7-22　多级放大电路框图

7.3.1　级间耦合方式

多级放大电路是将各单级放大电路连接起来，这种级间连接方式称为耦合。要求前级的输出信号通过耦合不失真地传输到后级的输入端。常见的耦合方式有阻容耦合、变压器耦合及直接耦合三种形式。下面分别介绍三种耦合方式。

1. 阻容耦合

阻容耦合是利用电容器作为耦合元件将前级和后级连接起来。这个电容器称为耦合电容，如图 7-23 所示。第一级的输出信号通过电容器 C_2 和第二级的输入端相连接。

(a) 电路　　　　　　　　(b) 直流通路

图 7-23　阻容耦合两级放大电路

阻容耦合的优点是：前级和后级直流通路彼此隔开，每一级的静态工件点相互独立，互不影响；便于分析和设计电路。因此，阻容耦合在多级交流放大电路中得到了广泛应用。

阻容耦合的缺点是：信号在通过耦合电容加到下一级时会大幅衰减，对直流信号（或变化缓慢的信号）很难传输。在集成电路里制造大电容很困难，不利于集成化。所以，阻容耦合只适用于分立元件组成的电路。

2. 变压器耦合

变压器耦合是利用变压器将前级的输出端与后级的输入端连接起来，这种耦合方式称为变压器耦合，如图 7-24 所示。将 VT_1 的输出信号经过变压器 T_1 送到 VT_2 的基极和发射极之间，VT_2 的输出信号经 T_2 耦合到负载 R_L 上。R_{b11}、R_{b12} 和 R_{b21}、R_{b22} 分别为 VT_1 管和 VT_2 管的偏置电阻，C_{b2} 是 R_{b21} 和 R_{b22} 的旁路电容，用于防止信号被偏置电阻所衰减。

变压器耦合的优点是：由于变压器不能传输直流信号，且有隔直作用，因此各级静态工作点相互独立，互不影响；变压器在传输信号的同时还能够进行阻抗、电压、电流变换。

变压器耦合的缺点是：体积大、笨重等，不能实现集成化应用。

3. 直接耦合

直接耦合是将前级放大电路和后级放大电路直接相连的耦合方式，这种耦合方式称为直接耦合，如图 7-25 所示。直接耦合的优点是：直接耦合所用元件少，体积小，低频特性好，便于集成化。

图 7-24 变压器耦合两级放大电路   图 7-25 直接耦合放大电路

直接耦合的缺点是：由于失去隔离作用，前级和后级的直流通路相通，静态电位相互牵制，使得各级静态工作点相互影响；另外还存在着零点漂移现象。现讨论如下：

①静态工作点相互牵制。如图 7-25 所示，不论 VT_1 管集电极电位在耦合前有多高，接入第二级后，被 VT_2 管的基极钳制在 0.7V 左右，致使 VT_2 管处于临界饱和状态，导致整个电路无法正常工作。

②零点漂移现象。由于温度变化等原因，放大电路在输入信号为零时输出信号不为零的现象称为零点漂移。产生零点漂移的主要是由温度变化而引起的。因而，零点漂移的大小主要由温度所决定。

要使用直接耦合的多级放大电路，必须解决静态工作点相互影响和零点漂移问题，解决方法将在差动式放大电路中讨论。

7.3.2 耦合对信号传输的影响

1. 信号源和输入级之间的关系

信号源接放大电路的输入级，输入级的输入电阻就是它的负载，因此可归结为信号源与负载的关系。如图 7-26 所示，放大电路的输入电压和输入电流可用下面两式计算：

$$U_i = U_s \frac{R_i}{R_s + R_i} \tag{7-6}$$

$$I_i = I_s \frac{R_s}{R_s + R_i} \tag{7-7}$$

2. 各级间关系

中间级间的相互关系归结为：前级的输出信号为后级的信号源，其输出电阻为信号源内阻，后级的输入电阻为前级的负载电阻。如图 7-26 所示，第二级的输入电阻为第一级的负载，第三级的输入电阻为第二级的负载，依此类推。

(1) 多级放大电路电压放大倍数

（a）信号源内阻降低输入电压　　　　（b）信号源内阻降低输入电流

图 7-26　信号源内阻、放大电路输入电阻对输入信号的影响

$$A_{u1} = \frac{U_{o1}}{U_{i1}}, \ A_{u2} = \frac{U_{o2}}{U_{i2}}, \ \cdots, \ A_{un} = \frac{U_{on}}{U_{in}}$$

$$U_{i1} = U_{i2}, \ U_{o2} = U_{i3}, \ \cdots, \ U_{on} = U_{i(n+1)}$$

所以总的电压放大倍数为

$$A_u = \frac{U_{on}}{U_{i1}} = A_{u1} \cdot A_{u2} \cdots A_{un} \tag{7-8}$$

即总的电压放大倍数为各级放大倍数的连乘积。

(2) 多级放大电路的输入、输出电阻

多级放大电路的输入电阻就是第一级的输入电阻，其输出电阻就是最后一级的输出电阻。

【例 7.6】　电路如图 7-23（a）所示，已知 $U_{CC} = 6V$，$R_{b1} = 430\Omega$，$R_{c1} = 2k\Omega$，$R_{b2} = 270k\Omega$，$R_{c2} = 1.5k\Omega$，$r_{be2} = 1.2k\Omega$，$\beta_1 = \beta_2 = 50$，$C_1 = C_2 = C_3 = 10\mu F$，$r_{be1} = 1.6k\Omega$，求：①电压放大倍数；②输入电阻、输出电阻。

解：①电压放大倍数

$$r_{i2} = R_{b2} // r_{be2} = 270k\Omega // 1.2k\Omega \approx 1.2k\Omega$$

$$R'_{L1} = R_{c1} // r_{i2} = 2k\Omega // 1.2k\Omega = 0.75k\Omega$$

$$A_{u1} = -\frac{\beta R'_{L1}}{r_{be1}} = -\frac{50 \times 0.75\text{k}\Omega}{1.6\text{k}\Omega} = -23.4$$

$$A_{u2} = -\frac{\beta R_{c2}}{r_{be2}} = -\frac{50 \times 1.5\text{k}\Omega}{1.2\text{k}\Omega} = -62.5$$

$$A_u = A_{u1} \cdot A_{u2} = (-23.4) \times (-62.5) = 1462.5$$

②输入电阻、输出电阻

$$r_i = R_{i1} = R_{b1} // r_{be1}$$

$$r_o = R_{c2}$$

7.3.3　放大电路的频率特性

在实际应用中，放大器所放大的信号并非单一频率，例如，语言、音乐信号的频率范围在 20~20 000H$_z$，图像信号的频率范围在 0~6MH$_z$，等等。所以，要求放大电路对信号频率范围内的所有频率都具有相同的放大效果，输出才能不失真地重显输入信号。实际电路中存在的电容、电感元件及三极管本身的结电容效应，对交流信号都具有一定的影响。所以，对不同频率具有不同的放大效果。因这种原因所产生的失真称为频率失真。

1. 幅频特性

共射极放大电路 [见图 7-27(a)] 的幅频特性如图 7-27(b) 所示。从幅频特性曲线上可以看出，在一个较宽的频率范围内，曲线平坦，这个频率范围称为中频区。在中频区之外的低频区和高频区，放大倍数都要下降。低频区放大倍数下降的原因是耦合电容 C_1、C_2 及 C_e 的容抗随频率下降而增大。

高频区放大倍数下降是由三极管结电容和杂散电容的容抗随频率增加而减小所引起的。结电容通常为几十到几百皮法，杂散电容也不大，因而频率不高时可视为开路。在高频时输入的电流被分流，使得 I_C 减小，输出电压降低，导致高频区电压增益下降。

(a) 电路　　　　　　　　　　(b) 幅频特性

图 7-27　共射极放大电路的幅频特性

2. 通频带

把放大倍数 A_{um} 下降到 $\frac{1}{\sqrt{2}}A_{um}$ 时，对应的频率称为下限频率 f_L 和上限频率 f_H，夹在上限频率和下限频率之间的频率范围称为通频带 f_{BW}。

$$f_{BW} = f_H - f_L \qquad (7\text{-}9)$$

7.4 互补对称放大电路

功率放大电路与电压放大器的区别是：电压放大器是多级放大器的前级，它主要对小信号进行电压放大，主要技术指标为电压放大倍数、输入阻抗及输出阻抗等；而功率放大电路则是多级放大器的最后一级，它要带动一定负载，如扬声器、电动机、仪表、继电器等，所以，功率放大电路要求获得一定的不失真输出功率。

7.4.1 功率放大电路的特点及分类

1. 功率放大器的特点

①放大器处于大信号状态；②非线性失真成为功放的突出问题；③不能随便把三极管作线性元件处理，小信号微变等效电路已不适用；④多采用图解分析法；⑤在允许的非线性失真的限度内尽量提高效率；⑥功放管常要采用散热措施。

2. 功率放大电路的分类

按放大电路的频率可分为：低频功率放大电路和高频功率放大电路。这一节只学习低频功率放大电路。按功率放大电路中三极管导通时间的不同可分为：甲类功率放大电路、乙类功率放大电路和甲乙类功率放大电路。甲类功率放大电路，在信号全范围内均导通，非线性失真小，但输出功率和效率低，因此低频功率放大电路中主要用乙类或甲乙类功率放大电路。

(1) 甲类功率放大器

如图 7-28(a) 所示，甲类功率放大器的特点：工作点 Q 处于放大区，基本在负载线的中间；在输入信号的整个周期内，三极管都有电流通过；通角为 360°。导通角 θ 是通角的 1/2，所以 $\theta = 180°$。缺点：效率较低，即使在理想情况下，效率只能达到 50%。

由于有静态电流的存在，无论有没有信号，电源始终不断地输送功率。当没有信号输入时，这些功率全部消耗在三极管和电阻上，并转化为热量形式耗散出去；当有信号输入时，其中一部分转化为有用的输出功率。

作用：通常用于小信号电压放大器，也可以用于小功率的功率放大器。

(2) 乙类功率放大器

如图 7-28(b) 所示，乙类功率放大器的特点：工作点 Q 处于截止区；半个周期内有电流流过三极管；通角为 $180°$ ；导通角 $\theta = 90°$；静态电流为零，使得没有信号时，管耗很小，从而效率提高。缺点：波形被切掉一半，严重失真 需要设法补偿。

作用：用于功率放大。

(3) 甲乙类功率放大器

如图 7-28(c) 所示，甲乙类功率放大器的特点：工作点 Q 处于放大区偏下；大半个周期内有电流流过三极管；通角大于 $180°$ 而小于 $360°$ ；导通角满足 $90° < \theta < 180°$；由于存在较小的静态电流，所以效率较乙类低，较甲类高。缺点：波形被切掉一部分，严重失真，也需要进行补偿。

作用：用于功率放大。

(a) 甲类功放　　　　　(b) 乙类功放　　　　　(c) 甲乙类功放

图 7-28　功率放大器的分类

3. 功率放大电路的特殊问题

(1) 功率放大电路的输出功率

功率放大电路的任务是推动负载，因此功率放大电路的重要指标是输出功率，而不是电压放大倍数。

(2) 功率放大电路的非线性失真

功率放大电路工作在大信号的情况时，非线性失真时必须考虑的问题。因此，功率放大电路不能用小信号的等效电路进行分析，而只能用图解法进行分析。

(3) 功率放大电路的效率

效率的定义为：输出信号功率与直流电源供给频率之比。放大电路的实质就是能量转换电路，因此它就一定存在着转换效率。

7.4.2　乙类互补对称电路

1. 乙类互补对称电路组成及原理

如果电路处在甲类放大状态，则静态工作电流大，因而效率低。若用一个管子组成甲乙类或乙类放大电路，就会出现严重的失真现象。乙类互补对称功放，既可保持静态时功耗小，又可减小失真，如图 7-29 所示。电路组成及工作原理：选用两个特性接近的管子，使之都工作在乙类状态。一个在正弦信号的正半周工作，另一个在负半周工作，便可得到一个完整的正弦波形。

(a) 双电源互补对称电路   (b) 波形图

图 7-29 u_i 为正半周时的工作情况

2. 分析计算

由于在正常互补对称功率放大电路中，VT_1、VT_2 管交替对称各工作半周，因此，分析 VT_1、VT_2 管工作的半周情况，可推知整个放大器的电压、电流波形。现以 VT_1 管工作的半周情况为例进行分析。

当 $u_i = 0$ 时，$i_{B1} = i_B = 0$，$i_{C1} = i_C = 0$，$u_{CE1} = u_{CE} = U_{CC}$。电路工作在 Q 点，如图 7-29 所示，当 $u_i \neq 0$ 时，交流负载线的斜率为 $-1/R$。因此，过 Q 点作斜率为 $-1/R'_L$ 的直线即为交流负载线。如输入信号 u_i 足够大，则可求出 I_c 的最大幅值 I_{cm} 和 U_{ce} 的最大幅值 $U_{cem} = U_{cc} - U_{ces} = I_{cm}R_L \approx U_{cc}$。根据以上分析，可求出工作在乙类的互补对称电路的输出功率 P_o、管耗 P_V、直流电源供给的功率 P_U 和效率 η。

a）输出功率 P_o。输出功率用输出电压有效值和输出电流有效值的乘积来表示。设输出电压的幅值为 U_{om}，则

$$P_o = I_o U_o = \frac{U_{om}}{\sqrt{2}R_L} \times \frac{U_{om}}{\sqrt{2}} = \frac{U_{om}^2}{2R_L}$$

因为

$$U_{om} = U_{cc} - U_{CES} \approx U_{CC}$$

$$P_o = \frac{U_{om}^2}{2R_L} \approx \frac{U_{CC}^2}{2R_L}$$

b）管耗 P_V。设 $u_o = U_{om} \sin \omega t$ 时，则 VT_1 管的管耗为

$$P_{V1} = P_{V2} = \frac{1}{2\pi} \int_0^\pi (U_{CC} - u_o) \frac{u_o}{R_L} d(\omega t)$$

$$= \frac{1}{2\pi} \int_0^\pi (U_{CC} - U_{om} \sin \omega t) \frac{U_{om} \sin \omega t}{R_L} d(\omega t)$$

$$= \frac{1}{R_L} \left(\frac{U_{CC} - U_{om}}{\pi} - \frac{U_{om}^2}{4} \right)$$

$$= \frac{1}{2\pi} \int_0^\pi (U_{CC} - U_{om} \sin \omega t) \frac{U_{om} \sin \omega t}{R_L} d(\omega t)$$

$$= \frac{1}{R_L} \left(\frac{U_{CC} U_{om}}{\pi} - \frac{U_{om}^2}{4} \right)$$

两管管耗

$$P_V = P_{V1} + P_{V2} = 2 \times \frac{1}{R_L} \left(\frac{U_{CC} U_{om}}{\pi} - \frac{U_{om}^2}{4} \right)$$

c）直流供给功率 P_U。直流电源供给的功率包括负载得到的功率和 VT_1、VT_2 管消耗的功率两部分。

当 $u_i = 0$ 时 $\qquad\qquad i_C = 0 \qquad P_U = 0$

当 $u_i \neq 0$ 时 $\quad P_U = P_o + P_V = \frac{U_{om}^2}{2R_L} + 2 \times \frac{1}{R_L} \left(\frac{U_{CC} U_{om}}{\pi} - \frac{U_{om}}{4} \right)$

则 $\qquad\qquad\qquad\qquad P_U = \frac{2U_{CC}^2}{\pi R}$

d）效率 η。

$$\eta = \frac{P_o}{P_U} = \frac{\pi U_{om}}{4 U_{CC}}$$

当 $U_{om} \approx U_{CC}$ 时

$$\eta = \frac{P_o}{P_U} = \frac{\pi}{4} \approx 78.5\%$$

由于 $U_{om} \approx U_{CC}$ 忽略了管子的饱和压降 U_{CES}，所以实际效率比这个数值要低一些。

7.4.3 甲乙类互补对称电路

乙类互补对称电路效率比较高，但由于三极管的输入特性存在"死区"，而形成交越失真。采用甲乙类互补对称电路（见图 7-30），可以克服交越失真问题。其原理是静态时，在 VT_1、VT_2 管上产生的压降为 VT_1、VT_2 管提供了一个适当的正偏电压，使之处于微导通状态。由于电路对称，静态时 $i_{C1} = i_{C2}$，$i_o = 0$，$u_o = 0$。有信号时，由于电路工作在甲乙类，即使 u_i 很小，基本上也可线性放大。

但上述偏置方法的偏置电压不易调整，而在图 7-31 所示电路中，设流入 VT_4 管的基极电流远小于流过 R_1、R_2 的电流，则可求出 $U_{CE4} = U_{BE4}(R_1 + R_2)/R_2$。因此，利用 VT_4 管的 U_{BE4} 基本为一固定值 (0.6~0.7V)，只要适当调节 R_1、R_2 的比值，就可改变 VT_1、VT_2 管的偏压值，这种方法常称为 U_{BE} 扩大电路，在集成电路中经常用到。

图 7-30 二极管偏置互补对称电路 图 7-31 扩大电路

7.5 反馈放大电路

在实际中我们需要的放大器是多种多样的，前面所学的基本放大电路是不能满足我们的要求的。为此在放大电路中十分广泛地应用负反馈的方法来改善放大电路的性能。这一节就来学习关于负反馈的一些知识。

7.5.1 反馈的基本概念

将放大电路输出端的电压或电流，通过一定的方式，返回到放大器的输入端，对输入端产生作用，称为反馈。引入反馈后，整个系统构成了一个闭环系统。反馈放大电路的方框图如图 7-32 所示。图中，X_i、X_o、X_f 分别表示放大器的输入、输出和反馈信号。

图 7-32 反馈放大器方框图

引入反馈后，放大器的输入端同时受输入信号和反馈信号的作用。图 7-32 中 X_i' 就是 $X_i X_f$ 代数和后基本放大器得到的净输入信号。引入反馈后，电路中增加了反馈网络。为了区别，把未接反馈网络的放大器叫基本放大器，而把包括反馈网络在内的整个系统称为反馈放大器。

为什么要引入反馈？因为没有反馈的放大器的性能往往不理想，在许多情况下不能满足需要。引入反馈后电路可根据输出信号的变化控制基本放大器的净输入信号的大小，从而自动调节放大器的放大过程，以改善放大器的性能。例如，当反馈放大器的输出电压 U_o 偏离正常值而增大时，反馈网络能自动减小放大器的净输入信号，抑制 U_o 的增大。所以，反馈能稳定输出电压。同理，负反馈也能稳定输出电流。这是将要讲到的负反馈的作用之一。

7.5.2 反馈的分类和性质

1. 反馈类型

反馈网络可以向输入端反馈输出电压，也可以反馈输出电流。

电压反馈时，要把反馈网络并接在输出电压两端，如图 7-33(a) 所示。此时，反馈网络中每一个元件两端的电压都随放大器输出端负载两端电压的变化而变化，其中一部分元件上的电压能对放大器输入端产生作用，形成反馈。这些元件上的电压称为取样电压。在电压反馈中，信号源、基本放大器和反馈网络三者互相并联。图 7-33 中，将基本放大器和反馈网络分别用 A 和 F 表示。

电流反馈时，要把反馈网络串接在输出电流流通的途径中，如图 7-33(b) 所示。这时，流过反馈网络中每一个元件上的电流都随流过负载的输出电流的变化而变化，其中一部分元件上的电流能对放大器输入端产生作用，形成反馈。这些元件上的电流称为取样电流。在电流反馈中，信号源、基本放大器和反馈网络三者串联。

若将负载假想短路，在电压反馈时，由于输出电压 $U = 0$，取样电压也为 0，反馈作用消失；而在电流反馈时，负载短路后输出电流仍然流动，反馈作用仍然存在。故判断电压反馈还是电流反馈的方法是将负载假想短路，若反馈消失，是电压反馈；否则是电流反馈。

在放大器的输入端，信号源、基本放大器和反馈网络三者可以采用如图 7-33(a) 所示的并联形式或如图 7-33(b) 所示的串联形式，它们分别被称为并联反馈和串联反馈。若将放大器输入端对地假想短路，这时，在图 7-33(a) 所示的并联反馈电路中，反馈网络被短路，无法送出反馈信号，反馈作用消失；而在图 7-33(b) 所示的串联反馈电路中，反馈网络仍然对基本放大器产生作用，反馈作用依然存在。所以，判断输入端是并联反馈还是串联反馈的方法是把放大器输入端短路，若反馈作用消失，就是并联反馈；否则为串联反馈。

在并联反馈时，信号源基本放大器和反馈网络三部分连在同一个节点上，故只能用 KCL 电流定律来分析，如图 7-33(a) 中的 I_i、I'_i 和 I_f；而在串联反馈电路中，三部分电路串联，就只能用 KVT 电压定律来分析，如图 7-33(b) 中的 U_i、U'_i 和 U_f。

串联反馈时，信号源内阻越小，反馈作用越强；并联反馈时，信号源内阻越大，反馈作用越强。

由于输入端和输出端的连接方式各有两种，故反馈类型共有 4 种，即电压串联反馈、电压并联反馈、电流串联反馈和电流并联反馈。

(a) 并联反馈　　　　　　　　　(b) 串联反馈

图 7-33　反馈放大器组成框图

2. 反馈性质

若反馈信号削弱原来的输入信号，使净输入信号减小，则为负反馈；反之为正反馈。

3. 负反馈的一般关系式

在图 7-32 所示的反馈电路方框图中，设基本放大器的传输系数为 $AA = X_o / X'_i$。又设反馈网络的反馈系数是 F

$$F = \frac{X_f}{X_o}$$

负反馈时

$$X'_i = X_i - X_f$$

所以

$$X_o = AX'_i = A(X_i - X_f) = A(X_i - FX_o) = AX_i - AFX_o$$

可以得到，反馈放大器的放大倍数为

$$A_f = \frac{X_o}{X_i} = \frac{A}{1 + AF}$$

其中，$1 + AF$ 称为反馈深度，是描述反馈强弱的物理量。可见，引入负反馈后，放大器的放大倍数下降。

这里，A 称为广义放大倍数在不同的反馈类型中，F 的含义不同。在电压并联负反馈电路中，输入端的观察对象是电流，输出端的观察对象是电压，从输入端的电流变为输出端的电压，A 的量纲是阻抗。在电流串联负反馈电路中，A 的量纲是导纳。在其他两种反馈类型中，输入端和输出端的观察对象同是电压或者同是电流，所以 A 是电压传输系数或者是电流传输系数，无量纲。反馈系数 F 也有同样的情况。在后面的分析中，为了表达式简明 A 和 F 均用实数 A、F 表示。

7.5.3　负反馈对放大器性能的影响

1. 对放大倍数的影响

负反馈使放大倍数下降，由放大倍数的一般表达式 $A_f = A / (1 + AF)$ 。可以看出引入负反馈后，放大倍数下降了 $1 + AF$ 倍。

2. 负反馈提高放大倍数的稳定性

引入负反馈以后，放大器的放大倍数由 A 变为 $A_f = A / (1 + AF)$ 。将 A_f 对 A 求导，得到

$$\frac{\mathrm{d}A_f}{\mathrm{d}A} = \frac{1}{(1 + AF)^2} \text{即} \mathrm{d}A_f = \frac{1}{(1 + AF)^2} \mathrm{d}A$$

式说明：引入负反馈以后，由于某种原因造成放大器放大倍数变化时，负反馈放大器的放大倍数变化量只有基本放大器放大倍数变化量的 $1 / (1 + AF)^2$ ，放大器放大倍数的稳定性大大提高。

3. 负反馈对输入电阻的影响

负反馈对输入电阻的影响，只取决于反馈电路在输入端的连接方式，即：取决于是串联反馈还是并联反馈。

①串联反馈使输入电阻提高，即：$r_{if} = (1 + AF)r_i$ 。

②并联反馈使输入电阻下降，即：$r_{if} = r_i / (1 + AF)$ 。

4. 负反馈对输出电阻的影响

①电压反馈使输出电阻降低，即：$r_{of} = r_o / (1 + AF)$ 。

②电流反馈使输出电阻提高，即：$r_{of} = (1 + AF)r_o$ 。

5. 负反馈对放大电路非线性失真的影响

引入负反馈后，输出端的失真波形反馈到输入端，与输入信号相减，使净输入信号幅度成为正半周小负半周大的波形。这个波形被放大输出后，正负半周幅度的不对称程度减小，非线性失真得到减小。注意，负反馈只能减小放大器自身的非线性失真，对输入信号本身的失真，负反馈放大器无法克服。

6. 展宽频带

在放大器的低频端，耦合电容阻抗增大等原因，使放大器放大倍数下降；在高频端，由于分布电容、三极管极间电容的容抗减小等原因，使放大器放大倍数下降。引入负反馈以后，当高、低频端的放大倍数下降时，反馈信号跟着减小，对输入信号的削弱作用减弱，使放大倍数的下降变得缓慢，因而通频带展宽。上限频率提高 $(1 + A_m F)$ 倍，下限频率下降 $(1 + A_m F)$ 倍；频带展宽 $(1 + A_m F)$ 倍。

本章小结

①放大电路的静态分析方法有图解法和微变等效电路法。图解法的步骤是：

a. 作直流负载线，确定静态工作点；

b. 作交流负载线，画出相应的输出、输入信号波形。它适用于信号动态范围较大的场合。

微变等效电路法是在小信号工作条件下，将三极管输入端等效成一个动态电阻，输出端等效成一个受控电流源，然后用线性电路的分析方法进行分析。

②射极输出器直流是共发射极电路，交流是共集电极电路。具有高输入阻抗和低输出阻抗的特性，无电压放大能力，但具有电流放大能力。而共发射极电路既具有电压放大能力又具有电流放大能力。

③场效应管放大电路与三极管放大电路相比，场效应管放大电路的最大特点是输入电阻高，但电压放大倍数比三极管放大电路小。

④多级放大电路的各级静态工作点可独立分析，在进行交流分析时后级的输入电路就是前级的负载，而前级是后级的信号源，其输出电阻就相当于信号源内阻，各级放大器的电压放大倍数可单独计算，总的电压放大倍数等于各级电压放大倍数的乘积。

⑤负反馈可以改善放大器的许多性能，如提高放大倍数的稳定性、减小非线性失真、稳定输出电压和电流、改变放大器的输入和输出阻抗。

习　　题

1. 如图 7-34 所示为共射基本放大电路，已知三极管的 $\beta = 50$ ，$U_{CC} = 12V$ 。

(1) 当 $R_c = 2.4K\Omega$ ，$R_b = 300k\Omega$ 时，确定三极管的静态工作点参数 I_{BQ} 、I_{CQ} 、U_{CEQ} 。

(2) 若要求 $U_{CEQ} = 6V$ ，$I_{CQ} = 2mA$ ，问 R_b 和 R_c 应改为多少？

2. 一单管放大电路如图 7-35 所示，已知三极管的 $\beta = 50$ ，

(1) 要使 $I_{CQ} = 0.5mA$ ，求 R_b 为多少？

(2) 要使 $U_{CE} = 7V$ ，求 R_b 为多少？

(3) 该放大电路的 R_i 和 R_o 各为多少？

图 7-34 题 1 图

图 7-35 题 2 图

3. 在图 7-36 所示放大电路中，用工程近似法计算静态工作点。已知：$U_{CC}=12V$，$R_c=4k\Omega$，$R_B=300k\Omega$，$\beta=37.5$。

4. 在图 7-36 所示放大电路中，已知 $U_{CC}=15V$，$R_C=5k\Omega$，$R_B=500k\Omega$，$\beta=50$，试估算静态工作点和电压放大倍数；画出微变等效电路。

图 7-36 题 3、4 图

图 7-37 题 5 图

5. 如图 7-37 所示的放大电路中，已知 $\beta=50$，$R_{B1}=30k\Omega$，$R_{B2}=10k\Omega$，$R_C=2k\Omega$，$R_E=1k\Omega$，$R_L=1k\Omega$，$U_{CC}=12V$。

(1) 画出直流通路并求静态工作点；

(2) 画出微变等效电路并求 r_{be}、A_v、R_i、R_o。

6. 射极输出器如图 7-38 所示，已知 $U_{BE}=0.7V$，$\beta=50$，$R_b=150k\Omega$，$R_e=3k\Omega$，$R_L=1k\Omega$，$U_{CC}=24V$。

(1) 画出直流通路，求静态值 I_B、I_C 和 U_{CE}。

(2) 画出交流通路和微变等效电路。

(3) 求 r_{be}、A_v 和 R_i、R_o。

7. 如图 7-39 已知 β_1、β_2、r_{be1}、r_{be2}。

(1) 电路采用怎样的耦合方式？由什么组态的电路构成？

(2) 画出微变等效电路。

8. 在一个负反馈放大电路，基本放大器电压放大倍数是 500，引入负反馈后，电压放大倍数变为 40。计算反馈网络的反馈系数，若基本放大器的输入电阻是 1.2kΩ，则引入串联负反馈后，电路的输入电阻是多少？

图 7-38　题 6 图

图 7-39　题 7 图

第8章 基本运算放大电路

本章首先介绍了差动放大电路，然后简单介绍了集成运放的基本结构和主要参数，在此基础上介绍了理想集成运放的分析方法、运算放大器的线性应用及线性运算电路的分析方法，主要包括反相比例电路、同相比例运算电路等。最后简单介绍了运算放大器的非线性应用和运算放大器使用时要注意的问题。

本章要点

- 差动放大电路；
- 集成运算放大电路；
- 基本运算放大电路。

8.1 差动放大电路

前面提到了在多级放大电路中采用直接耦合存在着两个问题，一是静态工作点的相互影响，二是零点漂移。为了解决这两个问题，可采用差动放大电路。

8.1.1 基本差动放大电路

差动放大电路的典型形式如图 8-1 所示。基本形式对电路的要求是：两个电路参数完全对称的三极管的温度特性也完全对称。它的工作原理是：当输入信号 $U_i = 0$ 时，则两管的电流相等，两管的集电极电位也相等，所以输出电压 $U_o = U_{c1} - U_{c2} = 0$。温度上升时，两管电流均增加，则集电极电位均下降，由于它们处于同一温度环境，因此两管的电流和电压变化量均相等，其输出电压仍然为零。

图 8-1 典型差动式放大电路

1. 静态分析

静态时 $U_{i1} = U_{i2} = 0$，由于电路左右对称，输入信号为零时，$I_{c1} = I_{c2}$，$U_{c1} = U_{c2}$，则输出电压 $U_o = \Delta U_{c1} - \Delta U_{c2} = 0$。当电源电压波动或温度变化时，两只三极管的集电极电流和集电极电位同时发生变化。输出电压仍然为零。可见，尽管各管的零漂存在，但输出电压为零，从而使得零漂得到抑制。

2. 动态分析

(1) 共模输入

在差动式放大电路的两个输入端，分别加入大小相等、极性相同的信号（即 $U_{i1} = U_{i2}$），这种输入方式称为共模输入。共模输入信号用 U_{ic} 表示。共模输入时（$U_{ic} = U_{i1} = U_{i2}$）的输出电压与输入电压之比称为共模电压放大倍数，用 A_c 表示。在电路完全对称的情况下，输入信号相同，输出端电压 $U_o = U_{o1} - U_{o2} = 0$，故 $A_c = U_o / U_i = 0$，即输出电压为零，共模电压放大倍数为零。这种情况称为理想电路。

(2) 差模输入

放大器的两个输入端分别输入大小相等极性相反的信号（即 $U_{i1} = -U_{i2}$），这种输入方式称为差模输入。

差模输入电压

$$U_{id} = U_{i1} - U_{i2} = 2U_{i1} = -2U_{i2}$$

$$U_{i1} = \frac{1}{2}U_{id} \quad U_{i2} = -\frac{1}{2}U_{id}$$

差模输出电压

$$U_{od} = \Delta U_{c1} - \Delta U_{c2} = 2\Delta U_{c1} = -2\Delta U_{c2}$$

差模电压放大倍数

$$A_{ud} = \frac{U_{od}}{U_{id}} = \frac{2\Delta U_{c1}}{2U_{i1}} = A_{u1} = A_{u2}$$

即差动式放大电路的差模电压放大倍数等于单管共射极电路的电压放大倍数。

$$A_{ud} = A_{u1} = -\beta \frac{R_c}{r_{be} + R_s} \tag{8-1}$$

由于 $R_b \geqslant r_{be}$，如果接上负载 R_L，则

$$A_{ud} = -\beta \square \frac{R'_L}{r_{be} + R_s}$$

式中 $R'_L = R_c /\!/ (\frac{1}{2}R_L)$。

由于两只三极管对称，R_L 的中点电位不变，相当于交流的地电位，对于单管来讲，负载是 R_L 的 1/2，即 $\frac{1}{2}R_L$。输入电阻

$$r_i = 2(R_s + r_{be}) \tag{8-2}$$

因此输入回路经两只三极管的发射极和两个 R_S，则输出电阻

$$r_o = 2R_c \tag{8-3}$$

因此输出端经过两个 R_c。

(3) 差动放大电路抑制零点漂移的原理

在差动放大电路中，无论是电源电压波动或是温度变化都会使两只三极管的集电极电流和集电极电位发生相同的变化，相当于在两个输入端加入共模信号。电路的完全对称性，使得共模输出电压为零，共模电压放大倍数为零，从而抑制了零点漂移。这时电路只放大差模信号。

8.1.2 长尾式差动放大电路

基本差动电路存在如下问题：电路难以绝对对称，因此输出仍然存在零点漂移；管子没有采取消除零点漂移的措施，有时会使电路失去放大能力；电路要对地输出，此时的零漂与单管放大电路一样。为此我们要学习另一种差动放大电路——长尾式差动放大电路。它又被称为射极耦合差动放大电路，如图 8-2 所示。图中的两个管子通过射极电阻 R_e 和 U_{EE} 耦合，下面来学习它的一些指标。

图 8-2 射极耦合差动放大电路

1. 静态分析

静态时，输入短路，由于流过电阻 R_e 的电流为 I_{E1} 和 I_{E2} 之和，且电路对称 $I_{E1} = I_{E2}$，流过 R_e 的电流为 $2I_{E1}$。

静态工作点的估算：

$$I_{BQ} \cdot R_S + U_{BEQ} + 2I_{EQ} \cdot R_e = U_{EE}$$

$$I_{EQ} = (1 + \beta)I_{BQ}$$

$$I_{BQ} = \frac{U_{EE} - U_{BEQ}}{R_s + 2(1 + \beta)R_e}$$

$$I_{CQ} = \beta I_{BQ}$$

$$U_{CEQ} = U_{CC} + U_{EE} - I_{CQ}R_c - 2I_{EQ} \cdot R_e$$

2. 动态分析

(1) 对共模信号的抑制作用

在这里只学习共模信号对长尾电路中 R_e 的作用。如图 8-3 所示，由于是同向变化的，因此流过 R_e 的共模信号电流是 $I_{E1}+I_{E2}=2I_E$ [见图 8-3(a)]，对每一只三极管来说，可视为在射极接入电阻为 $2R_e$ [见图 8-3(b)]。

共模电压放大倍数为

$$A_e = -\beta \frac{R_c}{R_s + r_{be} + 2(1+\beta)R_e}$$

<table>
<tr><td>(a) 共模信号电流 $2I_E$</td><td>(b) 射极接入电阻 $2R_e$</td></tr>
</table>

图 8-3 输入共模信号

不加 R_e 时

$$A_c = -\frac{\beta R_c}{R_s + r_{be}}$$

由此式可以看出 R_e 的接入，使每管的共模放大倍数下降了很多 (对零点漂移具有很强的抑制作用)

(2) 对差模信号的放大作用

如图 8-4 所示加入差模信号时，引起两管电流的反向变化（一管电流上升，一管电流下降），流过射极电阻 R_e 的差模电流为 $I_{E1}-I_{E2}$，因为电路对称，所以流过 R_e 的差模电流为零，R_e 上的差模信号电压也为零，因此射极视为地电位，此处"地"称为"虚地"。因此，输入差模信号时，R_e 对差模电压放大倍数不产生影响。

由于 R_e 对差模信号不产生影响，故双端输出的差模放大倍数仍为单管放大倍数，差模电压放大倍数

图 8-4 R_e 对差模放大倍数的影响

$$A_{ud} = -\beta \frac{R'_L}{R_s + r_{be}}$$

(3) 共模抑制比 K_{CMRR}

在理想状态下，即电路完全对称时，差动式放大电路对共模信号有完全的抑制作用。实际电路中，差动式放大电路不可能做到绝对对称，这时 $U_o \neq 0$，$A_c \neq 0$，即共模输出电压不等于零，共模电压放大倍数不等于零，$A_c = U_o / \Delta U_i$。为了衡量差动式放大电路对共模信号的抑制能力，引入共模抑制比，用 K_{CMRR} 表示。

$$K_{CMRR} = \left| \frac{A_d}{A_c} \right| \tag{8-4}$$

一般用共模抑制比来衡量差动放大电路性能的优劣。它的值越大，表明电路对共模信号的抑制能力越好。

8.1.3　具有恒流源的差动式放大电路

通过对带 R_e 的差动式放大电路的分析可知，R_e 越大，K_{CMRR} 越大，但增大 R_e，相应的 U_{EE} 也要增大。显然，使用过高的 U_{EE} 是不合适的。此外，R_e 直流能耗也相应增大。所以，靠增大 R_e 来提高共模抑制比是不现实的。

设想，在不增大 U_{EE} 时，如果 $R_e \to \infty$，$A_c \to \infty$，则 $K_{CMRR} \to \infty$，这是最理想的。为解决这个问题，用恒流源电路来代替 R_e，电路如图 8-5(a) 所示。VT_3 管采用分压式偏置电路，无论 VT_1、VT_2 管有无信号输入，I_{B3} 恒定，I_{C3} 恒定，所以 VT_3 称为恒流管。

图 8-5 中 $I_{c3} = I_{e3}$，由于 I_{c3} 恒定，I_{e3} 恒定，则 $\Delta I_e \to 0$，这时动态电阻 r_d 为

$$r_d = \frac{\Delta U_{E3}}{\Delta I_{E3}} \to \infty$$

恒流源对动态信号呈现出高达几兆欧的电阻，而直流压降不大，可以不增大 U_{EE}。r_d 相当于 R_e，所以对差模电压放大倍数 A_d 无影响。对共模电压放大倍数 A_c 相当于接了一个无穷大的 R_e，所以 $A_c \to 0$，这时 $K_{CMRR} \to \infty$。实现了在不增加 U_{EE} 的同时，提高了共模抑制比的目的。恒流源电路可用恒流源符号表示，如图 8-5(b) 所示。

(a) 实际电路　　(b) 简化电路

图 8-5　具有恒流源的差动式放大电路

8.1.4 差动式放大电路的输入输出方式

由于差动式放大电路有两个输入端、两个输出端，所以信号的输入和输出有 4 种方式，这 4 种方式分别是双端输入双端输出、双端输入单端输出、单端输入双端输出、单端输入单端输出。根据不同需要可选择不同的输入、输出方式。

1. 双端输入双端输出

电路如图 8-6(a) 所示，其中，差模电压放大倍数为

$$A_{ud} = -\beta\square\frac{R'_L}{R_s + r_{be}} \tag{8-5}$$

式中 $R'_L = R_c // (R_L / 2)$。

输入电阻

$$r_i = 2(R_s + r_{be})$$

输出电阻

$$r_o = 2R_c$$

此电路适用于输入、输出不需要接地，对称输入、对称输出的场合。

2. 双端输入单端输出

图 8-6(b) 所示电路，其输入方式和双端输入相同，输出方式和单端输出相同，它的 A_d、i_i、r_o 的计算和单端输入单端输出相同。此电路适用于双端输入转换成单端输出的场合。

(a) 双端输入双端输出　　　(b) 双端输入单端输出

图 8-6　差动式放大电路的输入输出方式 1

3. 单端输入双端输出

如图 8-7(a) 所示，信号从一只三极管（指 VT$_1$）的基极与地之间输入，另一只管子的基极接地，表面上似乎两管不是工作在差动状态，但是，若将发射极公共电阻 R_e 换成恒流源，那么，I_{C1} 的任何增加将等于 I_{C2} 的减少，也就是说，输出端电压的变化情况将和差动输入（即双端输入）时一样。此时，VT$_1$、VT$_2$ 管的发射极电位 U_{EE} 将随着输入电压 U_i 而变化，变化量为 $U_i / 2$，于是，VT$_1$ 管的 $U_{be} = U_i - U_i / 2 = U_i / 2$，VT$_2$ 管的 $U_{be} = 0 - U_i / 2 = -U_i / 2$。这样来看，单端输入的实质还是双端输入，可以将它归结为双端输入的问题。所以，它的

A_d、r_i、r_o 的估算与双端输入双端输出的情况相同。此电路适用于单端输入转换成双端输出的场合。

4. 单端输入单端输出

图 8-7(b) 为单端输入单端输出的接法。信号只从一只三极管的基极与地之间接入，输出信号从另一只三极管的集电极与地之间输出，输出电压只有双端输出的一半，电压放大倍数 A_{ud} 也只有双端输出时的一半。

$$A_d = -\beta \frac{R'_L}{2(R_e + r_{be})} \tag{8-6}$$

(a) 单端输入双端输出　　　　(b) 单端输入单端输出

图 8-7 差动式放大电路的输入输出方式 2

式 (8-6) 中 $R'_L = R_c // R_L$。

输入电阻 $\qquad\qquad\qquad\qquad r_i = 2r_{be}$ $\qquad\qquad\qquad$ (8-7)

输出电阻 $\qquad\qquad\qquad\qquad r_o \approx R_c$ $\qquad\qquad\qquad$ (8-8)

此电路适用于输入与输出均有一端接地的场合。

从几种电路的接法来看，只有输出方式对差模放大倍数和输入、输出电阻有影响，不论哪一种输入方式，只要是双端输出，其差模放大倍数就等于单管放大倍数，单端输出差模电压放大倍数为双端输出的 1/2。

8.2 集成运算放大电路

8.2.1 集成运算放大器的基本组成

运算放大器实质上是一个多级直接耦合的高增益放大器。由于初期运算放大器主要用于数学运算，因此至今仍保留这个名称。集成运算放大器是利用集成工艺，将运算放大器的所有元件集成在同一块硅片上，封装在管壳内，通常简称为集成运放。随着集成技术的飞速发展，集成运放的性能不断提高，其应用领域远远超出了数学运算的范围。在自动控制、仪表、测量等领域，集成运放都发挥着十分重要的作用。

集成运放的内部电路分为输入级、偏置电路、中间级及输出级 4 部分，输入级是决定电路性能的关键一级。如输入电阻、输入电压范围、共模抑制比等，主要由输入级来决定。在集成运算放大器中，为减小功耗，限制升温，应降低各管的静态电流。因此，集成运放多数都采用恒流源电路作为偏置电路。

8.2.2 集成运算放大器的主要参数

集成运放的参数，是评价其性能优劣的主要标志，也是正确选择和使用的依据。必须熟悉这些参数的含义和数值范围。

(1) 电源电压

能够施加于运放电源端子的最大直流电压值称为电源电压。一般有两种表示方法：用正负两种电压 U_{CC}、U_{EE} 表示或用它们的差值表示。

(2) 最大差模输入电压 $U_{id\,max}$

$U_{id\,max}$ 是运放同相端和反相端之间所能承受的最大电压值。差模输入电压超过 $U_{id\,max}$ 时，输入级的三极管可能会被反向击穿。

(3) 最大共模输入电压 $U_{ic\,max}$

$U_{ic\,max}$ 是在线性工作范围内集成运放所能承受的最大共模输入电压。超过此值，集成运放的共模抑制比、差模放大倍数等会显著下降。

(4) 开环差模电压放大倍数 A_{ud}

集成运放开环时输出电压与输入差模信号电压之比称为开环差模电压放大倍数 A_{ud}。A_{ud} 越高，集成运放电路的精度越高，性能越稳定。

(5) 输入失调电压 U_{os}

实际上，集成运放难以做到差动输入级完全对称。当输入电压为零时，为了使输出电压也为零，需在集成运放两输入端额外附加补偿电压，该补偿电压称为输入失调电压 U_{os}。U_{os} 越小越好，一般为 0.5~5mV。

(6) 输入失调电流 I_{os}

I_{os} 是当集成运放输出电压为零时，两个输入端的偏置电流之差，即 $I_{os} = |I_{B1} - I_{B2}|$，它是由内部元件参数不一致等原因造成的。$I_{os}$ 越小越好，一般为 $1 \sim 10\mu A$。

(7) 输入偏置电流 I_B

I_B 是输出电压为零时，流入集成运放两输入端静态基极电流的平均值，即 $I_B = (I_{B1} + I_{B2})/2$。$I_B$ 越小越好，一般为 $1 \sim 100\mu A$。

(8) 共模抑制比 K_{CMRR}

K_{CMRR} 是差模电压放大倍数和共模电压放大倍数之比，即 $K_{CMRR} = |A_{ud}/A_{oc}|$。$K_{CMRR}$ 越

高越好。

(9) 差模输入电阻 r_{id}

r_{id} 是开环时输入电压变化量与它引起的输入电流的变化量之比，即从输入端看进去的动态电阻。r_{id} 一般为兆欧级。

(10) 输出电阻 r_o

r_o 是开环时输出电压变化量与它引起的输出电流的变化量之比，即从输出端看进去的电阻，r_o 越小，集成运放的带负载能力越强。

除了以上指标外，集成运放还有其他一些参数，如最大输出电压、最大输出电流、带宽等。近年来，各种专用集成运放不断问世，可以满足特殊要求，有关具体资料，可参看产品说明。

8.3 基本运算放大电路

分析集成运放应用电路时，把集成运放看成理想运算放大器，可以使分析简化。实际集成运放绝大部分接近理想运放。

8.3.1 集成运算放大器应用基础

1. 理想运算放大器的特点

①开环差模电压放大倍数 $A_{ud} \to \infty$；

②差模输入电阻 $r_{id} \to \infty$；

③输出电阻 $r_o \to 0$；

④共模抑制比 $K_{CMRR} \to \infty$；

⑤输入偏置电流 $I_{B1} = I_{B2} = 0$；

⑥失调电压、失调电流及温漂为 0。

利用理想运放分析电路时，因为集成运放接近于理想运放，所以造成的误差很小，本章若无特别说明，均按理想运放对待。

2. 负反馈是集成运放线性应用的必要条件

由于集成运放的开环差模电压放大倍数很大 $(A_{ud} \to \infty)$，而开环电压放大倍数受温度的影响，很不稳定，采用深度负反馈可以提高其稳定性。此外，集成运放的开环频带窄，如 F007 只有 $7H_z$ 无法适应交流信号的放大要求，加上负反馈后可将频带扩展 $(1 + AF)$ 倍。另外负反馈还可以改变输入、输出电阻等。所以要使集成运放工作在线性区，采用负反馈是必要条件。

为了便于分析集成运放的线性应用，还需要建立"虚短"与"虚断"这两个概念。

①由于集成运放的差模开环输入电阻 $R_{id} \to \infty$，输入偏置电流 $I_B \approx 0$，不向外部索取电流，因此两输入端电流为零，即 $I_{i-} = I_{i+} = 0$。也就是说，集成运放工作在线性区时，两输入端均无电流，称为"虚断"。

②由于两输入端无电流，则两输入端电位相同，即 $U_- = U_+$。由此可见，集成运放工作在线性区时，两输入端电位相等，称为"虚短"。

3. 运算放大器的基本电路

运算放大器的基本电路有反相输入式、同相输入式两种。反相输入式是指信号由反相端输入，同相输入式是指信号由同相端输入，它们是构成各种运算电路的基础。

(1) 反相输入式放大电路

图 8-8 所示为反相输入式放大电路，输入信号经 R_1 加入反相输入端，R_f 为反馈电阻，把输出信号电压 U_o 反馈到反相端，构成深度电压并联负反馈。

（i）"虚地"的概念

由于集成运放工作在线性区，所以有 $U_+ = U_-$、$I_{i+} = I_{i-}$，即流过 R_2 的电流为零。则 $U_+ = 0$，$U_- = U_+ = 0$，说明反相端虽然没有直接接地，但其电位为地电位，相当于接地，是"虚假接地"，简称为"虚地"。"虚地"是反相输入式放大电路的重要特点。

图 8-8　反相输入式放大电路

（ii）电压放大倍数

在图 8-8 中 $I_f = \dfrac{U_- - U_o}{R_f} = -\dfrac{U_o}{R_f}$

由于 $I_i = I_i' = 0$，则 $I_f = I_i$，即

$$I_i = \frac{U_i - U_-}{R_1} = \frac{U_o}{R_f}$$

$$\frac{U_i}{R_1} = -\frac{U_o}{R_f}, \ U_o = -\frac{R_f}{R_1}U_i$$

$$A_{uf} = -\frac{U_o}{U_i} = -\frac{R_f}{R_1} \tag{8-9}$$

式 (8-9) 中 A_{uf} 是反相输入式放大电路的电压放大倍数。

上式表明：反相输入式放大电路中，输入信号电压 U_i 和输出信号电压 U_o 相位相反，大小成比例关系，比例系数为 R_f / R_1，可以直接作为比例运算放大器。当 $R_f = R_1$ 时，$A_{uf} = -1$，即输出电压和输入电压的大小相等，相位相反，此电路称为反相器。同相输入端电阻 R_2 用于保持集成运放的静态平衡，要求 $R_2 = R_1 // R_f$。R_2 称为平衡电阻。

（iii）输入电阻、输出电阻

由于 $U_- = 0$，所以反相输入式放大电路输入电阻为

$$R_{if} = \frac{U_i}{I_i} = R_i \tag{8-10}$$

由于反相输入式放大电路采用并联负反馈，所以从输入端看进去的电阻很小，近似等于 R_1。由于该放大电路采用电压负反馈，其输出电阻很小 ($R_o \approx 0$)。

（iv）主要特点

①集成运放的反相输入端为"虚地" ($U_- = 0$)，它的共模输入电压可视为零，因此对集成运放的共模抑制比要求较低。

②由于深度电压负反馈输出电阻小 ($R_o \approx 0$)，因此带负载能力较强。

③由于并联负反馈输入电阻小 ($R_i = R_1$)，因此要向信号源吸取一定的电流。

(2) 同相输入式放大电路

图 8-9 所示电路为同相输入式放大电路，输入信号 U_i 经 R_2 加到集成运放的同相端，R_f 为反馈电阻，R_2 为平衡电阻 ($R_2 = R_1 // R_f$)。

（i）虚短的概念

对同相输入式放大电路，U_- 和 U_+ 相等，相当于短路，称为"虚短"。由于 $U_+ = U_i$，$U_- = U_c$，则 $U_+ = U_- = U_i = U_f$。由于 $U_+ = U_-$，则

$$I_f = I_{R1} = \frac{U_+}{R_1}$$

又由于 $U_+ = U_- \neq 0$，所以，在集成运放的两端引入了共模电压，其大小接近于 U_i。

（ii）电压放大倍数

由图 8-9 可见 R_1 和 R_f 组成分压器，反馈电压

$$U_f = U_o \frac{U_+}{R_f + R_1} \tag{8-11}$$

由于 $U_i = U_f$，则

$$U_i = U_o \frac{R_1}{R_f + R_1} \text{ 或 } U_o = \frac{R_f + R_1}{R_1} U_i = (1 + \frac{R_f}{R_1}) U_i$$

由上式可得电压放大倍数

$$A_{\text{uf}} = \frac{U_\text{o}}{U_\text{i}} = 1 + \frac{R_\text{f}}{R_\text{l}} \tag{8-12}$$

上式表明：同相输入式放大电路中输出电压与输入电压的相位相同，大小成比例关系，比例系数等于 $(1 + R_\text{f} / R_\text{l})$，此值与集成运放本身的参数无关。

在图 8-9 中如果把 R_f 短路 $(R_\text{f} = 0)$，把 R_l 断开 $(R_\text{l} \to \infty)$，则

$$A_{\text{uf}} = 1 = 1$$

即输入信号和输出信号大小相等，相位相同，该电路称为电压跟随器，如图 8-10 所示，由集成运放组成的电压跟随器比射极输出器组成的电压跟随器性能更好，这是因为其输入电阻更高，输出电阻更小，性能更稳定。

图 8-9　同相输入式放大电路

图 8-10　电压跟随器

（iii）输入电阻、输出电阻

由于采用了深度电压串联负反馈，该电路具有很高的输入电阻和很低的输出电阻 $(R_{\text{if}} \to \infty, R_\text{o} \to 0)$。这是同相输入式放大电路的重要特点。

（iv）特点

同相输入式放大电路属于电压串联负反馈电路，主要特点如下：

①由于深度串联负反馈，使输入电阻增大，输入电阻可高达 $2\,000\text{M}\Omega$ 以上。

②由于深度电压负反馈，输出电阻 $R_\text{o} \to 0$；

③由于 $U_- = U_+ = U_\text{i}$，

集成运放两输入端存在共模电压，因此要求集成运放的共模抑制比较高。

通过对反相输入式和同相输入式放大电路的分析，可以看到，输出信号是通过反馈网络反馈到反相输入端，从而实现了深度负反馈，并且使得其电压放大倍数与集成运放本身的参数无关。采用了电压负反馈使得输出电阻减小，带负载能力增强。反相输入式采用了并联负反馈使输入电阻减小，而同相输入式采用了串联负反馈使输入电阻增大。

8.3.2　集成运算放大器线性应用

利用集成运放在线性区工作的特点，根据输入电压和输出电压关系，外加不同的反馈

网络可以实现多种数学运算。输入信号电压和输出信号电压的关系 $U_o = f(U_i)$，可以模拟成数学运算关系 $y = f(x)$，所以信号运算统称为模拟运算。尽管数字计算机的发展在许多方面替代了模拟计算机，但在物理量的测量、自动调节系统、测量仪表系统、模拟运算等领域仍得到了广泛应用。

1. 比例运算电路

定义：将输入信号按比例放大的电路，称为比例运算电路。

分类：反相比例放大电路、同相比例放大电路、差动比例放大电路（按输入信号加入不同的输入端分）。比例放大电路是集成运算放大电路的 3 种主要放大形式。

2. 加法、减法运算

加、减法运算的代数方程式是：$y = K_1 X_1 + K_2 X_2 + K_3 X_3 + \cdots$，其电路模式为 $U_o = K_1 U_{i1} + K_2 U_{i2} + K_3 U_{i3} + \cdots$，其电路如图 8-11 所示。图中有 3 个输入信号加在反相输入端，同相输入端的平衡电阻 $R_4 = R_1 // R_2 // R_3 // R_f$，有"虚地"。且 $U_- = U_+ = 0$。

图 8-11　反相加法器

各支路电流分别为

$$I_1 = \frac{U_{i1}}{R1},\ I_2 = \frac{U_{i2}}{R2},\ I_3 = \frac{U_{i3}}{R3},\ I_f = -\frac{U_o}{R_f}$$

又由于"虚断"$(I_{i-} = 0)$，则

$$I_f = I_1 + I_2 + I_3$$

即

$$-\frac{U_o}{R_f} = \frac{U_{i1}}{R_1} + \frac{U_{i2}}{R_2} + \frac{U_{i3}}{R_3}$$

整理得到

$$U_o = -(\frac{R_f}{R_1} U_{i1} + \frac{R_f}{R_2} U_{i2} + \frac{R_f}{R_3} U_{i3}) \tag{8-13}$$

式 (8-13) 可模拟的代数方程式为

$$y = K_1 X_1 + K_2 X_2 + K_2 X_3$$

式中 $K_1 = -\frac{R_f}{R_1}$，$K_2 = -\frac{R_f}{R_2}$，$K_3 = -\frac{R_f}{R_3}$。

当 $R_1 = R_2 = R_3 = R$ 时，式 (8-13) 变为

$$U_o = -\frac{R_f}{R}(U_{i1} + U_{i2} + U_{i3}) \tag{8-14}$$

$$U_o = -(U_{i1} + U_{i2} + U_{i3})$$

当 $R_f = R$ 时，上式中比例系数为 -1，实现了加法运算。

【当 8.1】 设计运算电路。要求实现 $y = 2X_1 + 5X_2 + X_3$ 的运算。

解： 此题的电路模式为 $U_o = 2U_{i1} + 5U_{i2} + U_{i3}$，是 3 个输入信号的加法运算。由式 (8-14) 可知各个系数由反馈电阻 R_f 与各输入信号的输入电阻的比例关系所决定，由于式中各系数都是正值，而反相加法器的系数都是负值，因此需加一级变号运算电路。实现这一运算的电路如图 8-12 所示。

图 8-12 例 8.1 设计电路

输出电压和输入电压的关系

$$U_{o1} = -\frac{R_{f1}}{R_1}U_{i1} - \frac{R_{f1}}{R_2}U_{i2} - \frac{R_{f1}}{R_3}U_{i3}$$

$$U_o = -\frac{R_{i2}}{R_4}U_{o1} = (\frac{R_{f1}}{R_1}U_{i1} + \frac{R_{f1}}{R_2}U_{i2} + \frac{R_{f1}}{R_3}U_{i3})\frac{R_{f2}}{R_4}$$

$R_{f1} / R_1 = 2$、$R_{f1} / R_2 = 5$、R_{f1} / R_3 取 $R_{f1} = R_{f2} = R_4 = 10\text{k}\Omega$，则 $R_1 = 5\text{k}\Omega$，$R_2 = 2\text{k}\Omega$，$R_3 = 10\text{k}\Omega$，$R'_1 = R_1 // R_2 // R_3 // R_{f1}$，$R'_2 = R_4 // R_{f2} = R_{f2} / 2$。

【例 8.2】 设计一个加减法运算电路，使其实现数学运算，$Y = X_1 + 2X_2 - 5X_3 - X_4$。

解： 此题的电路模式应为 $U_o = U_{i1} + 2U_{i2} - 5U_{i3} - U_{i4}$。利用两个反相加法器可以实现加减法运算。电路如图 8-13 所示。

图 8-13 例 8.2 设计电路

$$U_{o1} = -\frac{R_{f1}}{R_1}U_{i1} - \frac{R_{f1}}{R_2}U_{i2}$$

$$U_o = -\frac{R_{f2}}{R_{i2}}U_{o1} - \frac{R_{f2}}{R_3}U_{i3} - \frac{R_{f2}}{R_4}U_{i4}$$

$$= \frac{R_{f1}}{R_1}U_{i1} + \frac{R_{f1}}{R_2}U_{i2} - \frac{R_{f2}}{R_3}U_{i3} - \frac{R_{f2}}{R_4}U_{i4}$$

如 果 取 $R_{f1} = R_{f2} = 10\text{k}\Omega$ ， 则 $R_1 = 10\text{k}\Omega$ ， $R_2 = 5\text{k}\Omega$ ， $R_3 = 2\text{k}\Omega$ ， $R_4 = 10\text{k}\Omega$ ，$R'_1 = R_1 // R_2 // R_{f1}$ ， $R'_2 = R_3 // R_4 // R_{f2} / 2$ 。

由于两级电路都是反相输入运算电路，故不存在共模误差。

3. 积分、微分运算

(1) 积分运算

积分运算是模拟计算机中的基本单元电路，数学模式为 $y = K\int X \mathrm{d}t$ ；电路模式为$u = K\int U_i \mathrm{d}t$ ，该电路如图 8-14 所示。

在反相输入式放大电路中，将反馈电阻 R_f 换成电容器 C ，就成了积分运算电路。

$$U_C = \frac{1}{C}\int I_C \mathrm{d}t \quad U_o = -U_C \quad I_1 = I_f = I_C = \frac{U_i}{R_1}$$

因而

$$U_o = -\frac{1}{R_1 C}\int U_i \mathrm{d}t \qquad （8\text{-}15）$$

由式（8-15）可以看出，此电路可以实现积分运算，其中 $K = -1/(R_1 C)$ 。

（2）微分运算

微分运算是积分运算的逆运算。将积分运算电路中的电阻，电容互换位置就可以实现微分运算，其电路如图 8-15 所示。

图 8-14 积分运算电路　　　　　图 8-15 微分运算电路

由于 $U_+ = 0$ ， $I'_i = 0$ ，则

$$I_C = I_f = C\frac{\mathrm{d}U_C}{\mathrm{d}t} = C\frac{\mathrm{d}U_i}{\mathrm{d}t}$$

$$U_o = -I_f \cdot R_f = -I_C \cdot R_f = -R_f C \frac{\mathrm{d}U_i}{\mathrm{d}t} \qquad (8\text{-}16)$$

由式（8-16）可以看出，输入信号U_i与输出信号U_o有微分关系，即实现了微分运算。负号表示输出信号与输入信号反相，$R_f C$为微分时间常数，其值越大，微分作用越强。

8.3.3　集成运算放大器的非线性应用

电压比较器的基本功能是比较两个或多个模拟输入量的大小，并将比较结果由输出状态反映出来。电压比较器工作在开环状态，即工作在非线性区。

1. 单限电压比较器

图 8-16 所示电路为简单的单限电压比较器。图中，反相输入端接输入信号U_i，同相输入端接基准电压U_R。集成运放处于开环工作状态，当 $U_i < U_R$ 时，输出为高电位 $+U_{om}$，当$U_i < U_R$时，输出为低电位 $-U_{om}$，其传输特性如图 8-16（b）所示。

（a）电压比较器　　　（b）传输特性

图 8-16　简单的单限电压比较器

由图 8-16 可见，只要输入电压相对于基准电压U_R发生微小的正负变化时，输出电压U_o就在负的最大值到正的最大值之间作相应的变化。

比较器也可以用于波形变换。例如，比较器的输入电压 Ui 是正弦波信号，若$U_R = 0$，则每过零一次，输出状态就要翻转一次，如图 8-17(a)所示。对于图 8-16 所示的电压比较器，若$U_R = 0$，当U_i在正半周时，由于$U_i > 0$，则$U_o = -U_{om}$；负半周时$U_i < 0$，则$U_o = U_{om}$。若U_R为一恒压，只要输入电压在基准电压U_R处稍有正负变化，输出电压U_o就在负的最大值到正的最大值之间作相应的变化，如图 8-17（b）所示。

（a）输入正弦波 UR=0　　（b）输入正弦波 UR=U

图 8-17　正弦波变换方波

比较器可以由通用运放组成，也可以由专用运放组成，它们的主要区别是输出电平有差异。通用运放输出的高、低电平值与电源电压有关，专用运放比较器在其电源电压范围内，输出的高、低电平电压值是恒定的。

2. 滞回电压比较器

单限电压比较器存在的问题是：当输入信号在 UR 处上下波动时，输出电压会出现多次翻转。采用滞回电压比较器可以消除这种现象。滞回电压比较器有两种：正向滞回电压比较器和反向滞回电压比较器。下面以反向滞回电压比较器为例，如图 8-18 所示，该电路的同相输入端电压 U_+，由 U_o 和 U_R 共同决定，根据叠加原理有

$$U_+ = \frac{R_1}{R_1 + R_f} U_o + \frac{R_f}{R_1 + R_f} U_R$$

（a）电路　　　　　　　　（b）传输特性

图 8-18　反向滞回电压比较器

由于运放工作在非线性区，输出只有高低电平两个电压 U_{om} 和 $-U_{om}$，因此当输出电压为 U_{om} 时，U_+ 的上门限值为

$$U_{+H} = \frac{R_1}{R_1 + R_f} U_{om} + \frac{R_f}{R_1 + R_f} U_R$$

输出电压为 U_{oL} 时，U_+ 的下门限值为

$$U_{+L} = \frac{R_1}{R_1 + R_f} (-U_{om}) + \frac{R_f}{R_1 + R_f} U_R$$

这种比较器在两种状态下，有各自的门限电平。对应于 U_{oH} 有高门限电平 U_{+H}，对应于 U_{oL} 有低门限电平 U_{+L}。

滞回电压比较器的特点是：当输入信号发生变化且通过门限电平时，输出电压会发生翻转，门限电平也随之变换到另一个门限电平；当输入电压反向变化而通过导致刚才翻转那一瞬间的门限电平值时，输出不会发生翻转，直到 Ui 继续变化到另一个门限电平时，才能翻转，出现转换迟滞，如图 8-19 所示。

图 8-19　滞回电压比较器的输入、输出波形

8.3.4 集成运算放大器的应用举例

在实际应用中，除了要根据用途和要求正确选择运放的型号外，还必须注意以下几个方面的问题。

1. 调零

实际运放的失调电压、失调电流都不为零，因此，当输入信号为零时，输出信号不为零。有些运放没有调零端子，需接上调零电位器进行调零，如图 8-20 所示。

（a）引到反相端　　　　　　　　　　（b）引到同相端

图 8-20　辅助调零措施

2. 消除自激

运放内部是一个多级放大电路，而运算放大电路又引入了深度负反馈，在工作时容易产生自激振荡。大多数集成运放在内部都设置了消除自激的补偿网络，有些运放引出了消振端子，用外接 RC 消除自激现象。实际使用时可按图 8-21 所示，在电源端、反馈支路及输入端连接电容或阻容支路来消除自激。

（a）在电源端接上电容　　　　　　　（b）在反馈电阻两端并联电容

图 8-21　消除自激振荡电路

3. 保护措施

集成运放在使用时由于输入、输出电压过大，输出短路及电源极性接反等原因会造成集成运放损坏，因此需要采取保护措施。为防止输入差模或共模电压过高损坏集成运放的输入级，可在集成运放的输入端并接极性相反的两只二极管，从而使输入电压的幅度限制在二极管的正向导通电压之内，如图 8-22（a）所示。

为了防止输出级被击穿，可采用图 8-22（b）所示保护电路。输出正常时双向稳压管未被击穿，相当于开路，对电路没有影响。当输出电压大于双向稳压管的稳压值时，稳压管被击穿。减小了反馈电阻，负反馈加深，将输出电压限制在双向稳压管的稳压范围内。为了防止电源极性接反，在正、负电源回路顺接二极管。若电源极性接反，二极管截止，相当于电源断开，起到了保护作用，如图 8-22（c）所示。

（a）输入保护电路　　　　（b）输出保护电路　　　　（c）电源反接保护电路

图 8-22　保护措施

本章小结

①差动放大电路是集成运算放大器的重要组成单元，其主要性能是有效地抑制零点漂移。差动放大电路的任务是放大差模信号与抑制共模信号。根据输入输出方式的不同组合，差动放大电路共有 4 种典型的接法。

②运算放大器具有高放大倍数、高输入阻抗、低输出阻抗的特性。分析由运放组成的电路时，首先要判断运放工作在什么区域。

③运放工作在线性区的两大结论，即"虚短"与"虚断"是非常重要的概念，是分析工作在线性区运放电路的重要依据，"虚地"只适用于反相线性运算电路。

④反相运算电路无共模电压的影响，但输入阻抗低，同相运算电路输入阻抗高，但存在共模信号的影响。

⑤本章着重介绍了求和、积分、微分在信号运算方面的应用。

⑥比较器是工作在非线性区运放电路的基础。分析时，应抓住输出从一个电平翻转到

另一个电平的临界条件。

习　题

1. 差动放大器为什么能有效地抑制零点漂移？

2. 什么是共模信号？什么是差模信号？为什么差动放大器对共模信号几乎无放大作用？对差模信号却有很大的放大作用？

3. 理想运算放大器有哪些特点？

4. 如图 8-23 所示 $R_{S1} = R_{S2} = 5k\Omega$，$R_{c1} = R_{c2} = 10k\Omega$，$R_e = 10k\Omega$，$U_{CC} = U_{EE} = 12V$，$\beta_1 = \beta_2 = 50$，试求：（1）静态工作点；（2）电压放大倍数 A_u；（3）输出电阻 r_c，输入电阻 r_o。

5. 在如图 8-24 所示电路中，已知 $R_1 = 10k\Omega$，$U_i = 0.15V$，$U_o = -4.5V$，求 R_f 的阻值及 A_{ud}。

图 8-23　题 4 图

图 8-24　题 5 图

6. 求如图 8-25 所示电路的输出电压 u_o 表达式。

图 8-25　题 6 图

图 8-26　题 7 图

7. 如图 8-26 所示电路，（1）求当 $R_1 = 10k\Omega$，$R_c = 100k\Omega$ 时，u_o 与 u u_i 的运算关系；（2）当 $R_f = 100k\Omega$，欲使 $u_o = 26V$，R_1 应为何值？

8. 求如图 8-27 所示电路的输出电压 u_o 的表达式。

9. 如图题 8-28 图所示电路，（1）求当 $R_1 = 10K\Omega$，$R_f = 100K\Omega$ 时，V_O 与 V_i 的运算关系；

（2）当时 $R_f = 100K\Omega$ ，欲使 $V_O = 26V$ ， R_1 应为何值。

图 8-27 题 8 图

图 8-28 题 9 图

10. 试设计一个运放电路，满足 $Y = 5X_1 - 2X_2 - X_3 + 4X_4$ ，要求采用反相输入式。

第 9 章　直流稳压电路

> 本章主要介绍从交流电变换成直流电所需要的各种电路的基本组成和工作原理，包括交流变换成直流的整流电路、减小整流后电压脉动成分的滤波电路、克服由于电源电压和负载阻抗波动使输出电压波动的稳压电路以及改变输出的可控整流电路。

本章要点

- ◆ 整流及滤波电路
- ◆ 直流稳压电路
- ◆ 晶闸管及可控整流电路

现代生产、生活和科学研究都离不开使用交流电源，但许多场合，如电解、电镀、直流电动机，特别是电子电路中却需要使用稳定的直流电源来供电，因此需要将目前使用的 50Hz 交流电源变换成直流电源。小功率直流电源一般由交流电源、变压器、整流电路、滤波电路和稳压电路几部分组成，如图 9-1 所示。

图 9-1　直流电源电路的组成框图

在电路中，变压器将常规的交流电压（220V、380V）变换成所需要的交流电压；整流电路将交流电压变换成单方向脉动的直流电；滤波电路再将单方向脉动的直流电中所含的大部分成分滤掉，得到一个较平滑的直流电；稳压电路用来消除由于电网电压波动、负载改变对其产生的影响，从而使输出电压稳定。

9.1　整流及滤波电路

9.1.1　单相半波整流电路

如图 9-2 所示是单相半波整流电路。它是最简单的整流电路，由整流变压器、整流元件及负载电阻组成。

设整流变压器副边的电压为 u_2，其波形如图 9-3 所示。

由于二极管具有单向导电性，只有它的阳极电位高于阴极电位时才能导通。在变压器副边电压的正半周时，其极性为上正下负，二极管因承受正向电压而导通。这时负载电阻上的电压为 $u_o = u_2$，通过的电流为 i_D。在电压的负半周时，二极管因承受反向电压而截止，负载电阻上的电压为零。因此，在负载电阻上得到的是半波电压。二极管导通时正向压降很小，可以忽略不记，因此，可以认为这个半波电压和变压器二次侧电压的正半波是相同的，如图 9-3 所示。单相半波整流电路的电压为

$$u_o = \sqrt{2}U_2 \sin \omega t \qquad (0 \quad \omega t \quad \pi)$$

$$u_o = 0 \qquad\qquad\qquad (\pi \quad \omega t \quad 2\pi) \tag{9-1}$$

图 9-2　单相半波整流电路　　图 9-3　单相半波整流电路电压与电流的波形

负载电阻上得到的整流电压 U_o 是大小变化的单向脉动直流电压，U_o 的大小常用一个周期的平均值来表示，单相半波整流电压的平均值为

$$U_{O(AV)} = \frac{1}{2\pi} \int_0^\pi \sqrt{2}U_2 \sin \omega t\, d(\omega t)$$

$$U_{O(AV)} = \frac{\sqrt{2}U_2}{\pi} \approx 0.45U_2 \tag{9-2}$$

流过二极管的平均电流为

$$I_{L(AV)} = \frac{U_{O(AV)}}{R_L} \approx \frac{0.45U_2}{R_L} \tag{9-3}$$

在二极管不导通期间，承受反向电压的最大值就是变压器次级电压的最大值，即

$$U_{R\max} = \sqrt{2}U_2 \tag{9-4}$$

单相半波整流电路的特点是结构简单，但输出电压的平均值低、脉动系数大。

9.1.2 单相桥式整流电路

单相半波整流电路使用元件少，电路简单，其缺点是只利用了电源电压的半个周期，整流输出电压的脉动较大，变压器存在单向磁化等问题。为了克服这些缺点，多采用单相桥式整流电路。它由 4 个二极管接成电桥形式构成。

如图 9-4（a）所示设电源变压器二次侧电压电路，波形如图 9-5 所示。在图 9-4（a）所示电路中，当变压器次级电压 u2 为上正下负时，二极管 VD_1 和 VD_3 导通，VD_2 和 VD_4 截止，电流 i_1 的通路为 $a \rightarrow VD_1 \rightarrow R_L \rightarrow VD_3 \rightarrow b$，这时负载电阻 RL 上得到一个正弦半波电压如图 9-5 中（0 ~ 2π）段所示。当变压器次级电压 u2 为上负下正时，二极管 VD1 和 VD3 反向截止，VD2 和 VD4 导通，电流 i2 的通路为 $b \rightarrow VD2 \rightarrow RL \rightarrow VD4 \rightarrow a$，同样，在负载电阻上得到一个正弦半波电压，如图 9-5 中（π~2π）段所示。

由以上分析可知，桥式整流电路的整流电压平均值 U_O 比半波整流时增加一倍，即

$$U_o = 2 \times 0.45 U_2 = 0.9 U_2 \tag{9-5}$$

桥式整流电路通过负载电阻的直流电流也增加一倍，即

$$I_o = \frac{U_o}{R_L} = 0.9 \frac{U_2}{R_L} \tag{9-6}$$

（a）电源变压器二次侧电压电路

（b）等效电路

图 9-4 单相桥式整流电路组成

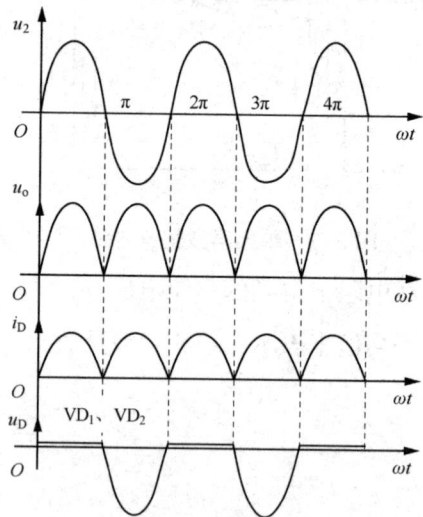

图 9-5 单相桥式整流电路电压与电流波形

因为每两个二极管串联轮换导通半个周期，因此，每个二极管中流过的平均电流只有负载电流的一半，即

$$i_D = \frac{1}{2} I_o = 0.45 \frac{U_o}{R_L} \tag{9-7}$$

当 VD_1 和 VD_3 导通时，如果忽略二极管正向压降，此时，VD_2 和 VD_4 的阴极接近于 a 点，阳极接近于 b 点，二极管由于承受反压而截止，其最高反压为 u_2 的峰值，即

$$U_{Rmax} = \sqrt{2}U_2 \tag{9-8}$$

由以上分析可知，单相桥式整流电路，在变压器次级电压相同的情况下，输出电压平均值高、脉动系数小，二极管承受的反向电压和半波整流电路一样。虽然二极管用了 4 只，但小功率二极管体积小，价格低廉，因此全波桥式整流电路得到了广泛的应用。

9.1.3　滤波电路

整流输出的电压是一个单方向脉动电压，虽然是直流，但脉动较大，在有些设备中不能适应（如电镀和蓄电池充电等设备）。为了改善电压的脉动程度，需在整流后再加入滤波电路。常用的滤波电路有电容滤波、电感滤波和复式滤波等。

1．电容滤波电路

图 9-6 所示为一单相半波整流电容滤波电路，由于电容两端电压不能突变，因而负载两端的电压也不会突变，使输出电压得以平滑，达到滤波目的。滤波过程及波形如图 9-7 所示。

图 9-6　单相半波整流电容滤波电路　　图 9-7　电容滤波原理及输出波形

在 u_2 的正半周时，二极管 VD 导通，忽略二极管正向压降，则 $u_o = u_2$，这个电压一方面给电容充电，一方面产生负载电流 I_o，电容 C 上的电压与 u_2 同步增长，当 u_2 达到峰值后，开始下降，$U_C > u_2$，二极管截止，如图 9-7 中的 A 点。之后，电容 C 以指数规律经 R_L 放电，U_C 下降。当放电到 B 点时，u_2 经负半周后又开始上升，当 $u_2 > U_C$ 时，电容再次被充电到峰值。U_C 降到 C 点以后，电容 C 再次经 R_L 放电，通过这种周期性充放电，以达到滤波效果。

电容的不断充放电，使得输出电压的脉动性减小，而且输出电压的平均值有所提高。输出电压平均值 U_o 的大小，显然与 R_L、C 的大小有关，R_L 越大，C 越大，电容放电越慢，U_o 越高。在极限情况下，当 $R_L = \infty$ 时，$U_o = U_c = \sqrt{2}U_2$，不再放电。当 R_L 很小时，C 电很快，甚至与 u_2 同步下降，则 $U_o = 0.9U_2$，R_L、C 对输出电压的影响如图 9-7 中虚线所示。可见电容滤波电路适用于负载较小的场合。当满足 $R_L C \geq (3 \sim 5)T/2$ 时，则输出电压的平均值为

$$U_o = U_{2(半波)} \tag{9-9}$$

$$U_o = 1.2U_{2(全波)} \tag{9-10}$$

利用电容滤波时应注意下列问题：

①滤波电容容量较大，一般用电解电容，应注意电容的正极性接高电位，负极性接低电位。如果接反则容易击穿、爆裂。

②开始时，电容 C 上的电压为零，通电后电源经整流二极管给 C 充电。通电瞬间二极管流过短路电流，称浪涌电流。它一般是正常工作电流 I_o 的 5 ~ 7 倍，所以选二极管参数时，正向平均电流的参数应选大一些。同时在整流电路的输出端应串联一个阻值约为 0.02 ~ 0.01R 的电阻，以保护整流二极管。

2. 电感滤波及复式滤波电路

①电感滤波电路。由于通过电感的电流不能突变，用一个大电感与负载串联，流过负载的电流也就不能突变，电流平滑，输出电压的波形也就平稳了。其实质是因为电感对交流呈现很大的阻抗，频率越高，感抗越大，则交流成分绝大部分降到了电感上，若忽略导线电阻，电感对直流没有压降，即直流均落在负载上，达到了滤波目的。电感滤波电路如图 9-8 所示。在这种电路中，输出电压的交流成分是整流电路输出电压的交流成分经 X_L 和 R_L 分压的结果，只有 $\omega_L \gg R_L$ 时，滤波效果才好。一般小于全波整流电路输出电压的平均值，如果忽略电感线圈的铜阻，则 $U_o \approx 0.9U_2$。虽然电感滤波电路对整流二极管没有电流冲击，但为了使 L 值大，多用铁心电感，铁心电感体积大、笨重，且输出电压的平均值 U_o 较低。

②复式滤波电路。为了进一步降低输出电压的脉动程度，可以用电容和铁心电感组成各种形式的复式滤波电路。桥式整流电感型 LC 滤波电路如图 9-9 所示。整流输出电压中的交流成分绝大部分降落在电感上，电容 C 又对交流来说接近于短路，故输出电压中交流成分很少，几乎是一个平滑的直流电压。由于整流后先经电感 L 滤波，总特性与电感滤波电路相近，故称为电感型 LC 滤波电路，若将电容 C 平移到电感 L 之前，则为电容型 LC 滤波电路。

图 9-8 带电感滤波器的桥式整流电路

图 9-9 桥式整流电感型 LC 滤波电路

③ π 型滤波电路。图 9-10 所示为 $LC - \pi$ 型滤波电路。整流输出电压先经电容 C_1，滤除了交流成分后，再经电感 L 上滤波电容 C_2 上的交流成分极少，因此输出电路几乎是平直的直流电压。但由于铁心电感体积大、笨重、成本高、使用不便，因此，在负载电流不太大而要求输出脉动很小的场合，可将铁心电感换成电阻，即 $RC - \pi$ 型滤波电路。电阻

R 对交流和直流成分均产生压降，故会使输出电压下降，但只要 $R_L \geqslant 1/(\omega C_2)$，电容 C_1 滤波后的输出电压绝大多数降在电阻 R_L 上。R_L 越大，C_2 越大，滤波效果越好。

（a）$LC-\pi$ 型滤波电路　　　　　　　　（b）$RC-\pi$ 型滤波电路

图 9-10　π 型滤波电路

9.2　直流稳压电路

通过整流滤波电路所获得的直流电源电压是比较稳定的，当电网电压波动或负载电流变化时，输出电压会随之改变。电子设备一般都需要稳定的电源电压。如果电源电压不稳定，将会引起直流放大器的零点漂移、交流噪声增大、测量仪表的测量精度降低等。因此必须进行稳压，目前中小功率设备中广泛采用的稳压电源有并联型稳压电路、串联型稳压电路、集成稳压电路及开关型稳压电路。

9.2.1　硅稳压管组成的并联型稳压电路

1. 电路组成及工作原理

硅稳压管组成的并联型稳压电路如图 9-11 所示，经整流滤波后得到的直流电压作为稳压电路的输入电压 U_i，限流电阻 R 和稳压管 VD_Z 组成稳压电路，输出电压 $U_o = U_Z$。

在这种电路中，不论是电网电压波动还是负载电阻 R_L 的变化，稳压管稳压电路都能起到稳压作用，因为 U_Z 基本恒定，$U_o = U_Z$。

图 9-11　稳压管稳压的直流电源电路

下面从两个方面来分析其稳压原理。

（1）设 R_L 不变，电网电压升高使 U_i 升高，导致 U_o 升高，而 $U_o = U_Z$。根据稳压管的特性，当 U_Z 升高一点时，I_Z 将会显著增加，这样必然使电阻 R 上的压降增大，吸收了 U_i 的增加部分，从而保持 U_o 不变，反之亦然。

$$U_i \uparrow \overset{U_o = U_i - U_R}{\rightarrow} U_o = U_Z \uparrow \rightarrow I_Z \uparrow \overset{I_R = I_L + I_Z}{\rightarrow} I_R \uparrow \rightarrow U_R \uparrow$$

（2）设电网电压不变，当负载电阻 R_L 阻值增大时，I_L 减小，限流电阻 R 上压降 U_R 将会减小。由于 $U_o = U_Z = U_i - U_R$，所以 U_o 升高，即 U_Z 升高，这样必然使 I_Z 显著增加。由于流过限流电阻 R 的电流为 $I_R = I_Z + I_L$，这样可以使流过 R 上的电流基本不变，导致压降 U_R 基本不变，则 U_o 也就保持不变，反之亦然。

在实际使用中，这两个过程是同时存在的，而两种调整也同样存在。因而无论电网电压波动或负载变化，都能起到稳压作用。

2. 稳压电路参数确定

①限流电阻的计算。稳压电路要输出稳定电压，必须保证稳压管正常工作。因此必须根据电网电压和负载电阻 R_L 的变化范围，正确地选择限流电阻 R 的大小。从两个极限情况考虑，则有

a. 当 U_i 为最小值 I_o 达到最大值时，即 $U_i = U_{imin}$、$I_o = I_{omax}$，这时 $I_R = (U_{imin} - U_Z) / R$。则 $I_Z = I_R - I_{omax}$ 为最小值。为了让稳压管进入稳压区，此时 I_Z 值应大于 I_{Zmin}，即 $I_Z = (U_{imin} - U_Z) / R - I_{omax} < I_{Zmax}$，则

$$R > \frac{U_{imin} - U_Z}{I_Z + I_{omax}}$$

b. 当 U_i 达最大值、I_o 达最小值时，即 $U_i = U_{imax}$、$I_o = I_{omin}$，这时 $I_R = (U_{imax} - U_Z) / R$，则 $I_Z = I_R - I_{omin}$ 为最大值。为了保证稳压管安全工作，此时 I_Z 值应小于 I_{Zmax}，即 $I_Z = (U_{imax} - U_Z) / R - I_{omin} < I_{Zmax}$，则

$$R < \frac{U_{iman} - U_Z}{I_Z + I_{omix}}$$

所以限流电阻 R 的取值范围为

$$\frac{U_{imin} - U_Z}{I_Z + I_{omax}} < R < \frac{U_{iman} - U_Z}{I_Z + I_{omix}} < R < \frac{U_{imin} - U_Z}{I_Z + I_{omax}} < R < \frac{U_{iman} - U_Z}{I_Z + I_{omix}}$$

在此范围内选一个电阻标准系列中的规格电阻。

（2）稳压管参数的确立。一般取

$$U_Z = U_o, \quad I_{Zmax} = (1.5 \sim 3)I_{omax}, \quad U_i = (2 \sim 3)U_o \tag{9-11}$$

9.2.2 串联型稳压电路

串联型稳压电路可以使输出的电压稳定，但稳压值不能随意调节，而且输出电流很小，由式 9-11 可知，$I_{omax}(1/2 \sim 2/3)I_z$，而 $I_{z\,max}$ 一般只有 20 ~ 40mA。为了加大输出电流，使输出电压可调节，常用串联型晶体管稳压电路，如图 9-12 所示。

图 9-12（a）是由分立元件组成的串联型稳压电路，当电网电压波动或负载变化时，可能使输出电压 U_o 上升或下降。为了使输出电压 U_o 不变，可以利用负反馈原理使其稳定。假设因某种原因使输出电压 U_o 上升，其稳压过程为 $U_o \uparrow \rightarrow U_{b2} \uparrow \rightarrow U_{b1}$（$U_{c2}$）$\downarrow \rightarrow U_o \downarrow$。

（a）分立元件的串联型稳压电路　　　　（b）运算放大器的串联型稳压电路

图 9-12　串联型稳压电路

串联型稳压电路的输出电压可由 R_p 进行调节。

$$U_o = U_z \frac{R_1 + R_p + R_2}{R_2 + R'_p} = \frac{U_z}{R_2 + R'_p} \qquad （9-12）$$

式中，$R = R_1 + R_p + R_2$，是 R_p 的下半部分阻值。

如果将图 9-12（a）中的放大元件改成集成运放，不但可以提高放大倍数，而且能提高灵敏度，这样就构成了由运算放大器组成的串联型稳压电路，电路如图 9-12（b）所示。假设因某种原因使输出电压 U_o 下降，其稳压过程为 $U_o \downarrow \rightarrow U_- \downarrow \rightarrow U_{b1} \uparrow \rightarrow U_o \uparrow$。

串联型稳压电路包括四大部分，其组成框图如图 9-13 所示。

图 9-13　串联型稳压电路组成框图

9.2.3 集成稳压器及应用

集成稳压器将取样、基准、比较放大、调整及保护环节集成于一个芯片，按引出端不同可分为三端固定式、三端可调式和多端可调式等。三端稳压器有输入端、输出端和公共端（接地）三个接线端点，由于它所需外接元件较少，便于安装调试，工作可靠，因此在实际使用中得到广泛应用，其外形如图 9-14 所示。

（a）三端固定式   （b）三端可调式

图 9-14　三端稳压器外形图

1. 固定输出的三端稳压器

常用的三端固定稳压器有 78XX 系列、79XX 系列，其外型如图 9-14（a）所示。型号中 78 表示输出为正电压值，79 表示输出为负电压值，XX 表示输出电压的稳定值。78XX 系列输出电压等级有 5V、6V、9V、12V、15V、18V、24V，79XX 系列有 -5V、-6V、-9V、-12V、-15V、-18V、-24V。根据输出电流的大小不同，又分为 CW78 系列、CW79 系列，最大输出电流 1 ~ 1.5A；CW78M00 系列、CW79MXX 系列，最大输出电流 0.5A；CW78L00 系列、CW79LXX 系列，最大输出电流 100mA 左右。例如：CW7815，表明输出 +15V 电压，输出电流可达 1.5A；CW79M12，表明输出 -12V 电压，输出电流为 -0.5A。

2. 三端可调输出稳压器

前面介绍 78、79 系列集成稳压器，只能输出固定电压值，在实际应用中不太方便。CW117、CW217、CW317、CW337 和 CW337L 系列为可调输出稳压器，其外型如图 9-14（b）所示。

3. 三端集成稳压器的应用

（1）输出固定电压应用电路

输出固定电压的应用电路如图 9-15 所示，其中图（a）为输出固定正电压，图（b）为输出固定负电压。图中 C_i 用以抵消输入端因接线较长而产生的电感效应，为防止自激振荡，其取值范围在 $0.1 \sim 1\mu F$ 之间（若接线不长时可不用）；C_o 用以改善负载的瞬态响应，一般取 $1\mu F$ 左右，其作用是减少高频噪声。

（a）输出固定正电压　　　　　　　　　（b）输出固定负电压

图 9-15　固定输出的稳压电路

（2）输出正、负电压稳压电路

当需要正、负两组电源输出时，可采用 W78XX 系列和 W79XX 系列各一块，按图 9-16 接线，即可得到正负对称的两组电源。

图 9-16　正负对称输出稳压电路

9.3　晶闸管及可控整流电路

晶闸管又称可控硅，是一种大功率半导体可控元件。它主要用于整流、逆变、调压、开关 4 个方面，应用最多的是晶闸管整流。它具有输出电压可调等特点。晶闸管的种类很多，有普通单 / 双向晶闸管、可关断晶闸管、光控晶闸管等。下面主要介绍普通晶闸管的工作原理、特性参数及简单的应用电路。

9.3.1　晶闸管的基本结构

1. 晶闸管的基本结构

如图 9-17 所示，晶闸管的基本结构是由 P_1—N_1—P_2—N_2 三个 PN 结 4 层半导体构成的，其中 P_1 层引出电极 A 为阳极；N_2 层引出电极 K 为阴极；P_2 层引出电极 G 为控制极。晶闸管的外型及电路符号如图 9-18 所示。

图9-17 晶闸管结构示意图

（a）外形　　　　　　　　　　　　　（b）电路符号

图9-18 晶闸管的外型及电路符号

2. 工作原理

可以把晶闸管的内部结构看成由 PNP 和 NPN 型两个三极管连接而成，如图9-19所示。

晶闸管的工作情况如图 9-20 所示。当在晶闸管的 A、K 两极间加上反向电压，这时无论在控制极是否有触发信号，晶闸管总是处于反向阻断状态，仅有很小的反向阻断直流电流流过。当在晶闸管的 A、K 两极间加上正向电压 U_{AK} 时，由于 J_2 反偏，故晶闸管不导通，这时晶闸管处于正向阻断状态。晶闸管的 A、K 两极间加上正向电压 U_{AK} 并且在控制极上加一正向

图9-19 晶闸管内部结构

控制电压 U_{GK} 后，产生控制电流 I_G，它流入 VT_2 管的基极，并经过 VT_2 管将电流放大为 $I_{C2} = \beta_2 I_G$。又因为 $I_{C2} = I_{B1}$，所以 $I_{C1} = \beta_1 \beta_2 I_G$，$I_{C1}$ 又流入 VT_2 管的基极再经放大形成正反馈，使 VT_1 和 VT_2 管迅速饱和导通。饱和压降约为 1V，使阳极有一个很大的电流 I_A，电源电压 U_{AK} 几乎全部加在负载电阻 R_L 上。这就是晶闸管导通的原理。当晶闸管导通后，若去掉 U_{GK}，晶闸管仍维持导通。

(a)正向阻断　　　　　　　　　　(b)反向阻断

(c)触发导通　　　　　　　　(d)除去触发信号仍导通

图 9-20　晶闸管工作情况

要使晶闸管重新关断，只有使阳极电流小于某一值，使 VT_1、VT_2 管截止，这个电流称维持电流。当晶闸管阳极和阴极之间加反向电压时，无论是否加 UGK，晶闸管都不会导通。

综上所述，晶闸管是一个可控的单向开关元件，它的导通条件为：①阳极到阴极之间加上阳极比阴极高的正偏电压；②晶闸管控制极要加有比阴极电位高的触发电压。而关断条件为晶闸管阳极接电源负极，阴极接电源正极，或使晶闸管中电流减小到维持电流以下。

3．晶闸管特性

晶闸管的基本特性常用伏安特性表示，如图 9-21 所示。图 9-21（a）为 $I_G = 0$ 时的伏安特性曲线。在此伏安特性曲线上，除 BA 转折段外，很像二极管的伏安特性，因此晶闸管相当于导通时可控的一种二极管。在很大的正向和反向电压作用下，晶闸管都会损坏。通常是在晶闸管接通合适的正向电压下将正向触发电压加在控制极上，使晶闸管导通，晶闸管不同 I_G 时的伏安特性曲线如图 9-21（b）所示。由图 9-21（b）可知，控制极电流 IG 越大，正向转折电压越低，晶闸管越容易导通。

（a）$I_G = 0$ 时的伏安特性；　　　　　　（b）不同 I_G 时的伏安特性

图 9-21　晶闸管伏安特性

4．主要参数

①正向重复峰值电压 U_{FRM} 是在控制极断路时，可以重复加在晶闸管两端的正向峰值电压，通常规定该电压比正向转折电压小 100V 左右。

②反向重复峰值电压 U_{RRM} 是在控制极开路时，可以重复加在晶闸管元件上的反向重复峰值电压，一般情况下 $U_{RRM}=U_{FRM}$。

③额定正向平均电流 I_F 是在规定环境温度和标准散热及全导通条件下，晶闸管元件可以连续通过的工频正弦半波电流的平均值。

④维持电流 I_H 是在规定环境温度和控制极开路时，维持元件继续导通的最小电流。

⑤触发电压 U_G 与触发电流 I_G 是在规定环境温度下加一正向电压，使晶闸管从阻断转变为导通时所需的最小控制极电压和电流。

9.3.2 可控整流电路

1．单向半波可控整流电路

图 9-22 是由晶闸管组成的半波可控整流电路，其中负载电阻为 R_L，工作情况如图 9-23 所示（对不同性质的负载工作情况不同，在此仅介绍电阻性负载，对于电感性负载的工作情况可参考有关书籍）。由图 9-23 可见，在输入交流电压 u 的正半周时，晶闸管 V 承受正向电压。

图 9-22 可控整流电路晶闸管组成的半波

图 9-23 带电阻负载的单向半波可控整流电路波形图

若在图 9-23 的 ωt_1 时刻，给控制极加上触发脉冲，晶闸管即导通，负载上得到电压。当交流电压 u 下降到接近于零值时，晶闸管正向电流小于维持电流而关断。在交流电压 u 的负半周时，闸管承受反向电压而关断，负载上的电压、电流均为零。在第二个正半周内，再在相应的 ωt_2 时刻加入触发脉冲，晶闸管再次导通，使负载 R_L 上得到如图 9-23（c）所示的电压波形。图 9-23（d）所示的波形为晶闸管所承受的正向和反向电压。最高正向和反向电压均为输入交流电压的幅值。

显然,在晶闸管承受正向电压的时间内,改变控制极触发脉冲的加入时间(称为移相),负载上得到的电压波形随之改变。可见,移相可以控制负载电压的大小。晶闸管在加正向电压下不导通的区域称为控制角 α (又称移相角),如图 9-23(c)所示,而导通区域称为导通角 θ 。可以看出导通角越大,输出电压越高。可控整流电路输出电压和输出电流的平均值分别为

$$U_{\mathrm{O}} = \frac{1}{2\pi}\int_{\alpha}^{\pi}\sqrt{2}\sin\omega t\mathrm{d}(\omega t) = \frac{\sqrt{2}}{2\pi}U_2(1+\cos\alpha) = 0.45U_2\frac{1+\cos\alpha}{2} \qquad (9\text{-}13)$$

$$I_{\mathrm{o}} = 0.45\frac{U_2}{R_{\mathrm{L}}}\frac{1+\cos\alpha}{2} \qquad (9\text{-}14)$$

由式(9-13)可知,输出电压 U_{o} 的大小随 α 的大小而变化。当 $\alpha = 0$ 时, $U_{\mathrm{o}} = 0.45U_z$,输出最大,晶闸管处于全导通状态;当 $\alpha = \pi$ 时, $U_{\mathrm{o}} = 0$,晶闸管处于截止状态。以上分析说明,只要适当改变控制角 α ,也就是控制触发信号的加入时间,就可灵活地改变电路的输出电压 U_{o} 。

2. 单相半控桥式整流电路

单相半波可控整流电路,虽然具有电路简单、使用元件少等优点,但输出电压脉动性大,电流小。单相半控桥式整流电路如图 9-24 所示,桥中有两个桥臂用晶闸管,另两个桥臂用二极管。

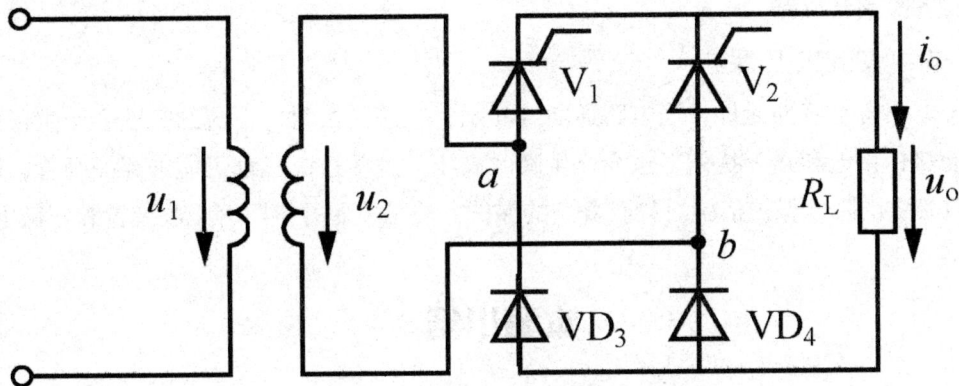

图 9-24   单相半控桥式整流电路

设 $u_2 = \sqrt{2}U_2\sin\omega t$,当 u_2 为正半波时,瞬时极性为上"正"下"负", V_1 和 VD_4 承受正向电压。若在 t_1 时刻给 V_1 加触发脉冲,则 V_1 导通,负载上有电压 U_{o} ,电流通路为 $\mathrm{a} \to \mathrm{V}_1 \to R_L \to \mathrm{VD}_4 \to \mathrm{b}$ 。

当 u_2 为负半波时,晶闸管 V_2 和二极管 VD_3 承受正向电压。在 t_2 时刻给 V_2 加触发脉冲, V_2 导通,电流通路为 $\mathrm{b} \to \mathrm{V}_2 \to R_L \to \mathrm{VD}_3 \to \mathrm{a}$ 。显而易见,桥式整流的输出电压平均值要比单相半波整流大一倍,即

$$U_{\mathrm{o}} = \frac{0.9U_2(1+\cos\alpha)}{2} \qquad (9\text{-}15)$$

$$I_o = \frac{U_o}{R_L} = \frac{0.9U_2(1+\cos\alpha)}{2R_L}$$

（9-16）

9.3.3　晶闸管的保护

晶闸管的主要弱点是过载能力差，短暂的过电压或过电流都可能被损坏，故需要采取过电流保护和过电压保护措施。

1. 晶闸管过电流的主要原因

造成晶闸管过电流的主要原因有：电路过载或短路、整流元件反向击穿、误触发等。

采用快速熔断器是硅整流元件过电流保护的主要措施。由于快速熔断器采用变截面的银片，其熔断时间比普通熔丝短得多，过电流时，能在晶闸管损坏之前先行熔断。常用的快速熔断器有螺旋式的 RLS 型和有填料封闭管式的 RSO 及 RS3 型。

应当注意的是快速熔断器的额定电流是以有效值标称的，而晶闸管的额定通态电流是以工频正弦半波电流的平均值标称的。因为正弦半波的有效值等于 1.57 倍的平均值，因此保护某晶闸管的快速熔断器的额定电流应该等于 1.57 倍该晶闸管的额定通态平均电流。例如，额定通态平均电流为 20A 的晶闸管应串联额定电流为 30A 的快速熔断器作为过电流保护器件。

快速熔断器在电路中的接入方式有三种：串联在交流输入回路、串联在直流负载支路和串联在各晶闸管支路。

2. 晶闸管的过电压保护

由于电路含有感性元件，当电路通断或晶闸管状态转换时，电流的突变会产生很高的自感电动势；雷电和强干扰信号也会产生瞬时高压。这些过电压都可能击穿晶闸管，因此必须采取必要的限压保护措施。目前，普遍的保护方法是采用并接阻容吸收装置和压敏电阻。

本章小结

①整流电路是利用二极管的单向导电性将直流电转换成脉动的直流电，为了消除直流电压中的交流成分，采用了滤波电路。负载电流小而变化大时用电容滤波，负载电流大时则采用电感滤波。

②单相半波整流电路输出电压的平均值与副绕组电压有效值之间的关系是 $U_o = 0.45U_2$，二极管截止时承受的最高反向电压是 $U_{R\max} = \sqrt{2}U_2$，仅利用了交流电的半个周期。

③单相桥式整流电路输出电压的平均值与副绕组电压有效值之间的关系是 $U_o = 09U_2$，二极管截止时承受的最高反向电压是 $U_{R\max} = \sqrt{2}U_2$，利用了交流电的整个周期。

④采用稳压二极管稳压电路时要特别注意必须与稳压二极管串联限流电阻。三端稳压器有固定输出电压和可调输出两种。

⑤晶闸管是一种大功率开关电器，可组成可控整流电路，其特点是改变控制角可改变输出电压。

习　题

1. 已知变压器副边电压有效值为 10V，电容足够大，判断下列情况下输出电压平均值 UO（AV）≈？ 如图 9-25 所示。

（1）正常工作；

（2）C 开路；

（3）R_L 开路；

（4）VD_1 和 C 同时开路。

2. 单相桥式整流电容滤波电路如图 9-26 所示，已知交流电源频率 $f = 50H_z$，u_2 的有效值 $U_2 = 15V$，$R_L \approx 50\Omega$。试估算

（1）输出电压 U_o 的平均值；

（2）流过二极管的平均电流；

（3）二极管承受的最高反向电压；

（4）滤波电容 C 容量的大小。

图 9-25　题 1 图

图 9-26　题 2 图

3. 有一电压为 110V、电阻为 55Ω 的直流负载，采用单相桥式整流电路（不带滤波器）供电，试求变压器副绕组电压和电流的有效值，并选用二极管。

4. 今要求负载电压 $U_o = 30V$，负载电流 $I_o = 150mA$，采用单相桥式整流电路，带电容滤波。已知交流电源频率为 50Hz，试选用管子型号和滤波电容器，并与单相半波整流电路比较，带电容滤波后，管子承受的最高反相电压是否相同？

5. 已知负载电阻 $R_L = 80\Omega$，负载电压 $U_o = 110V$。今采用单相桥式整流电路，交流电源电压为 220V。试计算变压器副边电压 U_2、负载电流和二极管电流 I_D 及最高反向电压 U_{DRM}。

6. 晶闸管能用很小的触发电流引起很大阳极电流，那它是否也能作交流电压放大器，

用于放大规模信号？为什么？

7. 某一电阻性负载 $R_L \doteq 4.5\Omega$，由单相桥式半控整流电路供电，交流电源电压为220V，负载两端电压能在 0~60V 范围内可调。画出电路图，并计算变压器副边电压大小和负载电压分别为 30V、60V 时的导通角。

8. 某单相桥式半控整流电路，交流电源电压为 380V，控制角 α 的调节范围为10º~170º，输出直流电压的可调范围为多少？

9. 有一由 220V 交流电源供电的单相半波可控整流电路，负载电阻 $R_L = 5\Omega$，要求工作电压为直流 60V。要求晶闸管的导通角 θ、负载的电流 I_o。

10. 如图 9-27 所示供电路，试分析下列几种情况属于什么电路，输出电压是多少？

（1）S_1，S_2 打开；

（2）S_1 闭合，S_2 打开；

（3）S_1 开路，S_2 闭合；

（4）S_1，S_2 闭合。

图 9-27　题 10 图

第 10 章 数字电路基础

数字电路所讨论的是对数字量信息进行数值运算和逻辑加工的各种电路，它们是构成数字系统的基础，因此在学习数字电路之初，必须具备有关数字电路的基础知识。

本章要点

- 数字电路的定义及特点；
- 基本逻辑关系及逻辑门；
- TTL 集成逻辑门电路；
- 逻辑函数的表示、运算定律、运算规则；
- 逻辑函数的代数化简法和卡诺图化简法。

10.1 数字电路的基本知识

10.1.1 数字信号和数字电路

电子电路中的电信号常分为两类：一类是模拟信号，其特点是大小和方向都随时间连续变化，如正弦交流电压、正弦交流电流等；另一类是数字信号，其特点是大小和方向随时间间断变化，即离散信号，也叫脉冲信号，如矩形波、方波等。模拟信号和数字信号的区别如图 10-1 所示。由于这两类信号的处理方法各不相同，因此电子电路也分为两类：一类是处理模拟信号的电路，即模拟电路；另一类是处理数字信号的电路，即数字电路。

图 10-1 模拟信号与数字信号

10.1.2 数字电路的特点及分类

1. 数字电路的特点

①数字电路处理的是脉冲信号，信号用状态来表示。显然，状态是没有单位的。比如，电压不再用"伏特"衡量其大小，只用高、低电平来表示两种状态，这是一种相对的表示方法，分别用数字1、0表示。由于它只表示逻辑状态，而没有"值"的意义，所以称为数字电路。

②数字电路研究的主要问题是电路的输入与输出的逻辑关系，故又称为数字逻辑电路。

③数字电路分析的方法与模拟电路完全不同，主要用真值表、逻辑表达式、波形图和卡诺图表示和分析。

④数字电路具有结构简单、便于集成、工作可靠、控制迅速、测量精确和精度高等优点。

2. 数字电路的分类

根据电路结构的不同，数字电路可分为分立元件电路和集成电路两大类。分立元件电路是将晶体管、电阻、电容等元器件用导线在线路板上连接起来的电路；而集成电路则是将上述元器件和导线通过半导体制造工艺做在一块硅片上而成为一个不可分割的整体电路。数字电路比模拟电路更容易集成。

根据半导体的导电类型不同，数字电路可分为双极型电路和单极型电路。以双极型晶体管作为基本器件的数字集成电路，称为双极型数字集成电路，如 TTL、ECL 集成电路等；以单极型 MOS 管作为基本器件的数字集成电路，称为单极型数字集成电路，如 NMOS、PMOS、CMOS 集成电路等。

10.1.3 逻辑的概念及表示

1. 逻辑的概念

逻辑，是指"条件"与"结果"的关系。在数字电路中，用输入信号反映"条件"，用输出信号反映"结果"，从而输入和输出之间存在一定的因果关系，称它为逻辑关系，这也是电路的逻辑功能。

2. 逻辑关系的表示

反映条件的输入信号通常用字母 A、B、C、……表示逻辑变量，反映结果的输出信号通常用 X、Y、Z、……表示逻辑函数，它们的取值都只有 0 和 1 两种，仅表示两种相互对立的逻辑状态。当输入逻辑变量 A、B、C、……取值确定后，输出逻辑变量 Y 的值也随之确定，则称 Y 是 A、B、C、……的逻辑函数。

10.1.4　正、负逻辑和高、低电平

根据"1""0"代表逻辑状态的含义不同，有正、负逻辑之分，即在逻辑电路中有两种逻辑系统：用"1"表示高电平，"0"表示低电平的，称为正逻辑系统（简称正逻辑）；用"1"表示低电平，"0"表示高电平的，称为负逻辑系统（简称负逻辑）。逻辑电路既可用正逻辑表示，也可用负逻辑表示，但不可在同一逻辑电路中同时采用两种逻辑系统。在本书中，如无特殊说明，一律采用正逻辑系统。

数字电路中不考虑电压值的大小，只考虑电路状态，即电路是高电平还是低电平。高、低电平往往指电压的一个范畴，在双极性 TTL 电路中，通常规定高电平在 2.8 ~ 3.6V 之间，低电平在 0.5V 以下。

10.1.5　半导体管的开关作用

数字电路中的二极管、三极管和 MOS 管工作在开关状态。导通状态：相当于开关闭合；截止状态：相当于开关断开。

1．二极管的开关作用

二极管正向加电压为导通状态，在电路中相当于闭合的开关，如图 10-2（a）所示；二极管反向加电压为截止状态，不计反向漏电流，相当于断开的开关，如图 10-2（b）所示。

但在实际使用中要注意两个问题：一是当输入电压突然从正向变到反向时二极管并不是立即截止，而是要经过一段时间，这段时间称为反向恢复时间，一般可以不考虑这个时间，但在通断频繁的开关电路中，反向恢复时间不能忽略，应选用专门的开关二极管。二是二极管的正向导通管压降一般可以忽略不计，但当多个二极管构成串联电路时，输出为这几个管的压降之和时不可忽略。

2．三极管的开关作用

在数字电路中，三极管作为开关元件，主要工作在饱和和截止两种开关状态，放大区只是极短暂的过渡状态。用等效电路来加以说明，如图 10-3 所示。

（a）正向导通　　　（b）反向截止　　　　　（a）截止时　　（b）饱和时

图 10-2　二极管的开关等效电路　　　　　图 10-3　三极管开关等效电路

三极管工作在饱和区，此时相当于开关闭合，输出为低电平；三极管工作在截止区，此时相当于开关断开，输出为高电平。

10.2 基本逻辑关系和逻辑门

10.2.1 基本逻辑函数及运算

基本的逻辑关系有与逻辑、或逻辑和非逻辑三种，与之对应的逻辑运算为与运算（逻辑乘）、或运算（逻辑加）和非运算（逻辑非）。

1. 与运算

在图 8-4 所示的串联开关电路中，开关 A、B 的状态（闭合或断开）与灯 Y 的状态（亮和灭）之间存在着确定的因果关系，这种因果关系就称为逻辑关系。如果规定开关闭合、灯亮为逻辑 1 态，断开、灯灭为逻辑 0 态，则开关 A、B 的全部状态组合和灯 Y 的状态之间的关系可以用表 8-1 表示。这种关系可简单表述为：当决定某一事件的全部条件都具备时，该事件才会发生，这样的因果关系称为与逻辑关系，简称与逻辑。

表 8-1 又称为与逻辑真值表。由该表可看出逻辑变量（开关变量）A、B 的取值和函数 Y 的值之间的关系满足逻辑乘的运算规律，因此，可用下式表示

$$Y = A \cdot B = AB \tag{10-1}$$

符号"·"读作"与"（或读作"逻辑乘"）；在不致引起混淆的前提下，"·"常被省略。

实现与逻辑的电路称做与门，与逻辑和与门的逻辑符号如图 8-5 所示，符号"&"表示与逻辑运算。若开关数量增加，则逻辑变量增加。

$$Y = A \cdot B \cdot C \cdot \cdots = ABC \cdots \tag{10-2}$$

表 10-1　与逻辑的真值表

A	B	Y
0	0	0
0	1	0
1	0	0
1	1	1

图 10-4　串联开关电路　　图 10-5　与门逻辑符号

2．或运算

和与逻辑的分析方法一样，由图 8-6 所示的并联开关电路可知，在开关 A 和 B 中，或者开关 A 合上，或者开关 B 合上，或者开关 A 和 B 都合上时，灯 Y 就亮；只有开关 A 和 B 都断开时，灯 Y 才熄灭。这种因果关系可以简单表述为：当决定某一事件的所有条件中，只要有一个具备，该事件就会发生，这样的因果关系叫作"或逻辑"关系，简称或逻辑。表 8-2 为或逻辑真值表，分析该真值表中逻辑变量 A、B 的取值和函数 Y 值之间的关系可知，它们满足逻辑加的运算规律，可用下式表示

$$Y = A + B \tag{10-3}$$

符号"+"读作"或"（或读作"逻辑加"）。实现或逻辑的电路称为或门，或逻辑和或门的逻辑符号如图 8-7 所示，符号"≥1"表示或逻辑运算。对于多变量的逻辑加可写成

$$Y = A + B + C + \cdots \tag{10-4}$$

图 10-6　并联开关电路　　图 10-7　或门逻辑符号

表 10-2　或逻辑的真值表

A	B	Y
0	0	0
0	1	1
1	0	1
1	1	1

3．非运算

分析如图 8-8 所示的开关电路，可知开关 A 的状态与灯 Y 的状态满足表 8-3 所示的逻辑关系。它反映出当开关闭合时，灯灭；而开关断开时，灯亮。这种相互否定的因果关系，称为非逻辑。非逻辑用下式表示

$$Y = \overline{A} \tag{10-5}$$

图 8-8 为开关与灯并联电路，表 8-3 为非逻辑的真值表，图 8-9 为非逻辑的逻辑符号。由于非门的输出信号和输入的反相，故"非门"又称为"反相器"。非门是只有一个输入端的逻辑门。

图 10-8　开关与灯并联电路　　图 10-9　非逻辑符号

表 10-3　非逻辑的真值表

A	Y
0	1
1	0

4. 复合逻辑运算

在数字系统中，除应用与、或、非三种基本逻辑运算之外，还广泛应用与、或、非的不同组合，最常见的复合逻辑运算有与非、或非、与或非、异或和同或等。

（1）与非运算

"与"和"非"的复合运算称为与非运算。与非逻辑表达式为

$$Y = \overline{ABC} \tag{10-6}$$

与非逻辑的真值表和逻辑符号分别如表 10-4 和图 10-10 所示。

表 10-4　与非逻辑真值表

A B C	Y
0 0 0	1
0 0 1	1
0 1 0	1
0 1 1	1
1 0 0	1
1 0 1	1
1 1 0	1
1 1 1	0

图 10-10　与非逻辑符号

（2）或非运算

"或"和"非"的复合运算称为或非运算。逻辑表达式为

$$Y = \overline{A + B + C} \tag{10-7}$$

或非逻辑的真值表和逻辑符号分别如表 10-5 和图 10-11 所示。

表 10-5　或非逻辑真值表

A B C	Y
0 0 0	1
0 0 1	0
0 1 0	0
0 1 1	0
1 0 0	0
1 0 1	0
1 1 0	0
1 1 1	0

图 10-11　或非逻辑符号

（3）与或非运算

"与""或"和"非"的复合运算称为与或非运算。逻辑表达式为

$$Y = \overline{AB + CD} \tag{10-8}$$

与或非逻辑图和逻辑符号分别如图 10-12（a）、（b）所示，其功能表请读者自行画出。

（a）逻辑图　　　　（b）逻辑符号

图 10-12　与或非逻辑图与逻辑符号

（4）异或运算

所谓异或运算，是指两个输入变量取值相同时输出为 0，取值不相同时输出为 1。

"异或"逻辑表达式为

$$Y = A \oplus B \text{或} \ Y = \overline{A}B + A\overline{B} \tag{10-9}$$

异或逻辑的真值表和逻辑符号分别如表 8-6 和图 8-13 所示。

表 10-6　异或逻辑真值表

A	B	Y
0	0	0
0	1	1
1	0	1
1	1	0

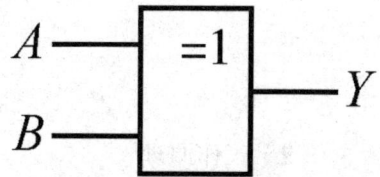

图 10-13　异或逻辑的逻辑符号

（5）同或运算

所谓同或运算，是指两个输入变量取值相同时输出为 1，取值不相同时输出为 0。

同或逻辑表达式为

$$Y = A \odot B \text{或} \ Y = AB + \overline{A}\,\overline{B} \tag{10-10}$$

同或逻辑的真值表和逻辑符号分别如表 8-7 和图 8-14 所示。

表 10-7　同或逻辑真值表

A	B	Y
0	0	1
0	1	0
1	0	0
1	1	1

图 10-14　同或逻辑符号

10.2.2　TTL 集成与非门电路

TTL 集成逻辑门电路的输入和输出结构均采用半导体三极管，所以称晶体管 - 晶体管逻辑门电路，简称 TTL 电路。TTL 电路的基本环节是反相器。我们主要了解 TTL 反相器的电路及工作原理，重点掌握其特性曲线和主要参数。

1．TTL 集成与非门电路的工作原理

（1）电路组成

如图 10-15 所示是 TTL 集成与非门电路的电路组成结构。它主要由输入级、中间级和输出级三部分组成。

图 10-15　TTL 与非门的基本电路

（2）工作原理

①当输入高电平时，$u_1 = 3.6V$，VT_1 处于截止工作状态，集电结正偏，发射结反偏，$u_{B1} = 0.7V \times 3 = 2.1V$，$VT_2$ 和 VT_4 饱和，输出为低电平 $u_o = 0.3V$。

②当输入低电平时，$u_1 = 0.3V$，VT_1 发射结导通，$u_{B1} = 0.3V + 0.7V = 1V$，$VT_2$ 和 VT_4 均截止，VT_3 和 VD 导通。输出高电平 $u_o = U_{CC} - U_{BE3} - U_D \approx 5V - 0.7V - 0.7V = 3.6V$。

③采用推拉式输出级利于提高开关速度和负载能力。VT_3 组成射极输出器，优点是既能提高开关速度，又能提高负载能力。当输入高电平时，VT_4 饱和，$u_{B3} = u_{C2} = 0.3V + 0.7V = 1V$，$VT_3$ 和 VD 截止，VT_4 的集电极电流可以全部用来驱动负载。当输入低电平时，VT_4 截止，VT_3 导通（为射极输出器），其输出电阻很小，带负载能力很强。可见，无论输入如何，VT_3 和 VT_4 总是一管导通而另一管截止。这种推拉式工作方式的带负载能力很强。

2．TTL 集成与非门电路的电压传输特性及参数

电压传输特性是指输出电压 u_o 与输入电压 u_1 的关系曲线，TTL 集成与非门电路电压传输特性如图 10-16 所示。

结合电压传输特性介绍几个参数。

①输出高电平U_{OH}：典型值为$U_{OH} = 3V$。

②输出低电平U_{OL}：典型值为$U_{OL} = 0.3V$。

③开门电平U_{ON}：在保证输出为额定低电平的条件下，允许的最小输入高电平的数值，称为开门电平U_{ON}，一般要求$U_{ON} \leqslant 1.8V$。

④关门电平U_{OFF}：在保证输出为额定高电平的条件下，允许的最大输入低电平的数值，称为关门电平U_{OFF}，一般要求$U_{OFF} \geqslant 0.8V$。

图 10-16 TTL 集成与非门的电压传输特性

⑤阈值电压U_{TH}：电压传输特性曲线转折区中点所对应的U_{TH}值称为阈值电压U_{TH}（又称门槛电平），通常$U_{TH} \approx 1.4V$。

⑥噪声容限（U_{NL}和U_{NH}）：噪声容限也称抗干扰能力，它反映门电路在多大的干扰电压下仍能正常工作。U_{NL}和U_{NH}越大，电路的抗干扰能力越强。

a. 低电平噪声容限（低电平正向干扰范围）

$$U_{NL} = U_{OFF} - U_{LL}$$

U_{LL}为电路输入低电平的典型值（0.3V）。若$U_{OFF} = 0.8V$，则有$U_{NL} = 0.8V - 0.3V = 0.5V$。

b. 高电平噪声容限（高电平负向干扰范围）

$$U_{NH} = U_{IH} - U_{ON}$$

U_{IH}为电路输入高电平的典型值（3V）。若$U_{ON} = 1.8V$，则有$U_{NH} = 3V - 1.8V = 1.2V$。

3. TTL 集成与非门电路的输入特性和输出特性

（1）输入伏安特性

输入伏安特性是指输入电压和输入电流之间的关系曲线，如图 10-17 所示。其中要理解两个重要参数：

①输入短路电流I_{1S}：当$u_1 = 0V$时，i_1从输入端流出。

$$i_1 = -(V_{CC} - U_{BE1}) / R_1 = -(5 - 0.7) / 4\text{mA} \approx 1.1\text{mA}$$

②高电平输入电流I_{1H}：当输入为高电平时，VT_1的发射结反偏，集电结正偏，处于截止工作状态，截止工作的三极管电流放大系数$\beta_{反}$很小（在 0.01 以下），所以$i_1 = I_{1H} = \beta_{反} i_{B21}$，$I_{1H}$很小，为$10\mu A$左右。

图 10-17　TTL 与非门的输入伏安特性　　　图 10-18　输入负载特性曲线

（2）输入负载特性

TTL 与非门的输入端对地接上电阻 R_1 时，u_1 随 R_1 的变化而变化的关系曲线。

在一定范围内，u_1 随 R_1 的增大而升高。但当输入电压 u_1 达到 1.4V 以后，$u_{B1} = 2.1V$，R_1 增大，由于 u_{B1} 不变，故 $u_1 = 1.4V$ 也不变。这时 VT_2 和 VT_4 饱和导通，输出为低电平。

① 关门电阻 R_{OFF}：在保证门电路输出为额定高电平的条件下，所允许的输入电阻 R_1 的最大值称为关门电阻，典型的 TTL 门电路 $R_{OFF} \approx 0.7k\Omega$。

② 开门电阻 R_{ON}：在保证门电路输出为额定低电平的条件下，所允许的输入电阻 RI 的最小值称为开门电阻，典型的 TTL 门电路 $R_{ON} \approx 2k\Omega$。

数字电路中要求输入负载电阻 $R_1 \geqslant R_{ON}$ 或 $R_1 \leqslant R_{OFF}$，否则输入信号将不在高低电平范围内；振荡电路则令 $R_{OFF} \leqslant R_1 \leqslant R_{ON}$，使电路处于转折区。

（3）输出特性

输出特性指输出电压与输出电流之间的关系曲线。

①输出高电平时的输出特性，如图 10-19 所示。负载电流 i_L 不可过大，否则输出高电平会降低。

②输出低电平时的输出特性，如图 10-20 所示。

图 10-19　输出高电平时的输出特性　　　图 10-20　输出低电平时的输出特性

10.3　逻辑函数的表示及化简

逻辑代数是描述客观事物逻辑关系的数学方法，是进行逻辑分析与综合的数学工具。因为它是英国数学家乔治·布尔（George Boole）于 1847 年提出的，所以又称为布尔代数。逻辑代数有其自身独立的规律和运算法则，不同于普通代数。相同点：都用字母 A、B、

C……表示变量。不同点：逻辑代数变量的取值范围仅为"0"和"1"，且无大小、正负之分。逻辑代数中的变量称为逻辑变量。

10.3.1　数制与码制

1．几种常用数制

（1）十进制

基数为 10，数码为：0 ～ 9。

运算规律：逢十进一，即：$9 + 1 = 10$。

十进制数的权展开式：任意一个十进制数都可以表示为各个数位上的数码与其对应的权的乘积之和，称为位权展开式。例如：

$$(5555)_{10} = 5 \times 10^3 + 5 \times 10^2 + 5 \times 10^1 + 5 \times 10^0$$

$$(209.04)_{10} = 2 \times 10^2 + 0 \times 10^1 + 9 \times 10^0 + 0 \times 10^{-1} + 4 \times 10^{-2}$$

（2）二进制

基数为 2，数码为：0、1。

运算规律：逢二进一，即：$1 + 1 = 10$。

二进制数的权展开式，如：

$$(101.01)_2 = 1 \times 2^2 + 0 \times 2^1 + 1 \times 2^0 + 0 \times 2^{-1} + 1 \times 2^{-2} = (5.25)_{10}$$

（3）八进制

基数为 8，数码为：0 ～ 7。

运算规律：逢八进一。

八进制数的权展开式，如：

$$(207.04)_8 = 2 \times 8^2 + 0 \times 8^1 + 7 \times 8^0 + 0 \times 8^{-1} + 4 \times 8^{-2} = (135.0625)_{10}$$

（4）十六进制

基数为十六，数码为：0 ～ 9、A ～ F。

运算规律：逢十六进一。

十六进制数的权展开式，如：

$$(D8.A)_{16} = 13 \times 16^1 + 8 \times 16^0 + 10 \times 16^{-1} = (216.625)_{10}$$

2．不同进制数的相互转换

（1）二进制数与十进制数的转换

（ⅰ）二进制数转换成十进制数

方法：把二进制数按位权展开式展开。

（ⅱ）十进制数转换成二进制数

方法：整数部分除 2 取余，小数部分乘 2 取整。整数部分采用基数连除法，先得到的余数为低位，后得到的余数为高位。小数部分采用基数连乘法，先得到的整数为高位，后得到的整数为低位。如：

$$(44.375)_{10} = (101100.011)2$$

$$
\begin{array}{r}
0.375 \\
\times\quad 2 \\
\hline
0.750 \\
0.750 \\
\times\quad 2 \\
\hline
1.500 \\
0.500 \\
\times\quad 2 \\
\hline
1.000
\end{array}
$$

整数　高位

$0=K_{-1}$

$1=K_{-2}$

$1=K_{-3}$　低位

余数　低位

$$
\begin{array}{r|r}
 & 44 \\
2 & 22 \\
2 & 11 \\
2 & 5 \\
2 & 2 \\
2 & 1 \\
 & 0
\end{array}
$$

$0=K_0$

$0=K_1$

$1=K_2$

$1=K_3$

$0=K_4$

$1=K_5$　高位

（2）八进制数与十进制数的转换

方法：整数部分除 8 取余，小数部分乘 8 取整。

（3）十六进制数与十进制数的转换

方法：整数部分除 16 取余，小数部分乘 16 取整。

（4）八进制数与二进制数的转换

①二进制数转换为八进制数：将二进制数由小数点开始，整数部分向左，小数部分向右，每 3 位分成一组，不够 3 位补零，则每组二进制数便是一位八进制数。

$$(101011100101)_2 = (101，011，100，101)_2 = (5345)_8$$

②八进制数转换为二进制数：将每位八进制数用 3 位二进制数表示。

$$(6574)_8 = (110\ 101\ 111\ 100)_2 = (110101111100)_2$$

（5）十六进制数与二进制数的相互转换

二进制数与十六进制数的相互转换，按照每 4 位二进制数对应于一位十六进制数进行转换。例如：

$$(9A7E)_{16} = (1001\ 1010\ 0111\ 1110)_2 = (1001101001111110)_2$$
$$(10111010110)_2 = (0101\ 1101\ 0110)_2 = (5D6)_{16}$$

3．码制

码制即骗码方式，编码即用按一定规则组合成的二进制码去表示数或字符等。

为使二进制和十进制之间转换更方便，常使用二进制编码的十进制代码，这种代码称为二十进制码，简称 BCD 码。

由于去掉 6 种多余状态的方法不同，因而出现不同的 BCD 码，如去掉最后 6 种状态得到的是 8421 码，去掉最前和最后 3 种状态得到的是余 3 码，另外还有格雷码，它是在任意相邻的两组代码中只有一位码不同，这样可使当连续变化时产生错误的可能性小，可靠性高。格雷码又称反射码，一个 N 位的格雷码可由 N-1 位格雷码按一定规律写出。

常用的 BCD 码如表 10-8 所示，其中前一种为有权码，后两种为无权码。

表 10-8　常用的 BCD 码

十 进 制 数	8421 码	5421 码	余 3 码
0	0000	0000	0011
1	0001	0001	0100
2	0010	0010	0101
3	0011	0011	0110
4	0100	0100	0111
5	0101	1000	1000
6	0110	1001	1001
7	0111	1010	1010
8	1000	1011	1011
9	1001	1100	1100

10.3.2　逻辑函数的表示方法

输入逻辑变量和输出逻辑变量之间的函数关系称为逻辑函数，写作 $Y = F(A, B, C, D \cdots)$，A、B、C、D 为有限个输入逻辑变量；F 为有限次逻辑运算（与、或、非）的组合。表示逻辑函数的方法有：真值表、逻辑函数表达式、逻辑图和卡诺图。

1. 真值表

真值表是将输入逻辑变量的所有可能取值与相应的输出变量函数值排列在一起而组成的表格。1 个输入变量有 0 和 1 两种取值，n 个输入变量就有 2^n 个不同的取值组合。

例：逻辑函数 $Y = AB + BC + AC$ 的真值表如表 10-9 所示，3 个输入变量共有 8 种取值组合。

表 10-9　$Y = AB + BC + AC$ 真值表

A B C	Y
0 0 0	0
0 0 1	0
0 1 0	0
0 1 1	1
1 0 0	0
1 0 1	1
1 1 0	1
1 1 1	1

真值表的特点：

①唯一性；

②按自然二进制递增顺序排列（既不易遗漏，也不会重复）；

③n 个输入变量就有 2^n 个不同的取值组合。

图 10-21　控制楼梯照明灯电路

【例 10.1】请列出如图 10-21 所示控制楼梯照明灯电路的真值表。

解：两个单刀双掷开关 A 和 B 分别装在楼上和楼下。无论在楼上还是在楼下都能单独控制开灯和关灯。设灯为 L，L 为 1 表示灯亮，L 为 0 表示灯灭。对于开关 A 和 B，用 1 表示开关向上扳，用 0 表示开关向下扳。可得到如表 10-10 所示的真值表。

表 10-10　控制楼梯照明灯的电路的真值表

A	B	L
0	0	1
0	1	0
1	0	0
1	1	1

2. 逻辑表达式

按照对应的逻辑关系，把输出变量表示为输入变量的与、或、非三种运算的组合，称之为逻辑函数表达式（简称逻辑表达式）。

由真值表可以方便地写出逻辑表达式。方法为：

①找出使输出为 1 的输入变量取值组合；

②取值为 1 用原变量表示，取值为 0 的用反变量表示，则可写成一个乘积项；

③将乘积项相加即得逻辑表达式。

例如：根据表 10-10 控制楼梯照明灯的电路的真值表可以方便地写出其逻辑表达式：

$$L = AB + \overline{AB}$$

3. 逻辑图

用相应的逻辑符号将逻辑表达式的逻辑运算关系表示出来，就可以画出逻辑函数的逻辑图。这种表示方法非常适合于电路的设计和安装，只需用相应的器件代替逻辑图中的逻辑符号，并将电路中的输入、输出端按逻辑图对应连接，即可得到实际的安装电路。

例如，根据上述控制照明电路的逻辑表达式可以得到如图 10-22 所示的逻辑电路图。

图 10-22　控制楼梯照明灯电路的逻辑电路

4．卡诺图

关于用卡诺图来表示逻辑函数的相关问题我们会在卡诺图的化简部分详细讲解。

10.3.3　基本定律和运算规则

1．基本公式和基本定律

基本公式和基本定律可以通过真值表加以证明，如果等式两边的真值表相同，则等式成立。读者可以自己证明。

自等律	$A + 0 = A$	$A \cdot 1 = A$
0-1 律	$A + 1 = 1$	$A \cdot 0 = 0$
重叠律	$A + A = A$	$A \cdot A = A$
互补律	$A + \overline{A} = 1$	$A \cdot \overline{A} = 0$
还原律	$\overline{\overline{A}} = A$	
交换律	$A + B = B + A$	$A \cdot B = B \cdot A$
结合律	$(A + B) + C = A + (B + C)$	$(A \cdot B) \cdot C = A \cdot (B \cdot C)$
分配律	$A \cdot (B + C) = A \cdot B + A \cdot C$	$A \cdot B \cdot C = (A + B)(A + C)$
反演律	$\overline{A + B} = \overline{A} \cdot \overline{B}$	$\overline{A \cdot B} = \overline{A} + \overline{B}$

反演律公式可以推广到多个变量：

$$\overline{A + B + C \cdots} = \overline{A} \cdot \overline{B} \cdot \overline{C} \cdots$$

$$\overline{A \cdot B \cdot C \cdots} = \overline{A} + \overline{B} + \overline{C} \cdots$$

2．常用公式

a. $A + AB = A$

证明：$A + AB = A \cdot (1 + B) = A \cdot 1 = A$

b. $AB + A\overline{B} = A$

证明：$AB + A\overline{B} = A \cdot (B + \overline{B}) = A \cdot 1 = A$

c. $A \cdot (A + B) = A$

证明：$A \cdot (A + B) = A \cdot A + A \cdot B = A + AB = A$

d. $A + \overline{A}B = A + B$

证明： $A + \overline{A}B = (A + \overline{A})(A + B) = 1 \cdot (A + B) = A + B$

e. $AB + \overline{A}C + BC = AB + \overline{A}C$

证明： $AB + \overline{A}C + BC = AB + \overline{A}C + (A + \overline{A})BC = AB + \overline{A}C + ABC + \overline{A}BC$
$= AB(1 + C) + \overline{A}C(1 + B) = AB + \overline{A}C$

f. $\overline{A\overline{B} + \overline{A}B} = AB + \overline{A}\overline{B}$

证明： $\overline{A\overline{B} + \overline{A}B} = \overline{A\overline{B}} \cdot \overline{\overline{A}B} = (\overline{A} + B)(A + \overline{B}) = A\overline{A} + \overline{A}\overline{B} + AB + B\overline{B} = AB + \overline{A}\overline{B}$

3．逻辑代数的三个规则

（1）代入规则：在任何一个逻辑等式中，如果将某个变量用同一个函数式来代换，则等式成立。

【例10.2】已知等式 $A + AB = A$ ，若令 $Y = C + D$ 代替等式中的 A ，则新等式 $(C + D) + (C + D)B = C + D$ 成立。

证明： $(C + D) + (C + D)B = (C + D)(1 + B) = (C + D) \square 1 = C + D$

（2）反演规则

对于任意一个逻辑函数 Y ，如果要求其反函数 $\overline{Y}$ 时，只要将 Y 表达式中的所有"·"换成"+"，"+"换成"·"，"0"换成"1"，"1"换成"0"，原变量换成反变量，反变量换成原变量，即可求出函数 Y 的反函数。

注意：

① 要注意运算符号的优先顺序，不应改变原式的运算顺序。

例： $Y = \overline{A}B + CD$ 的反函数应写为 $\overline{Y} = (A + B)(\overline{C} + \overline{D})$

证： $\overline{Y} = \overline{\overline{A}B + CD} = \overline{\overline{A}B} \cdot \overline{CD} = (A + B)(\overline{C} + \overline{D})$

② 不是一个变量上的非号应保持不变。

例： $Y = \overline{A} \cdot \overline{B\overline{C}} + C(\overline{D} \cdot E)$ 则 $\overline{Y} = (A + \overline{\overline{B} + C}) \cdot [\overline{C} + (D + \overline{E})]$

$\qquad Y = \overline{\overline{A} \cdot \overline{B\overline{C}} + D}$ 则 $\overline{Y} = \overline{A + \overline{\overline{B} + C} \cdot \overline{D}}$

（3）对偶规则

对于函数 Y ，若把其表达式中的"·"换成"+"，"+"换成"·"，"0"换成"1"，"1"换成"0"，就可得到一个新的逻辑函数 Y' ， Y' 就是 Y 的对偶式。

如： $Z = A(B + \overline{C})$ 则 $Z' = A + B\overline{C}$

$\qquad Z = A + B\overline{C}$ 则 $Z' = A(B + \overline{C})$

$\qquad Z = A\overline{B} + AC$ 则 $Z' = (A + \overline{B})(A + C)$

$\qquad Z = \overline{\overline{A} + B + \overline{C}}$ 则 $Z' = \overline{\overline{A} \cdot B\overline{C}}$

若两个逻辑式相等，它们的对偶式也一定相等。

如：　$A + BCD = (A + B)(A + C)(A + D)$

则：　$A(B + C + D) = AB + AC + AD$

使用对偶规则时，同样要注意运算符号的先后顺序和不是一个变量上的"非"号应保持不变。

10.3.4　逻辑函数的代数法化简

1. 化简的意义

逻辑函数的简化意味着实现这个逻辑函数的电路元件少，从而降低成本，提高电路的可靠性。例如：

$$Y = \overline{A}B\overline{C} + \overline{A}BC + \overline{A}BC + A\overline{B}C$$
$$= \overline{A}B(C + \overline{C}) + \overline{B}C(\overline{A} + A)$$
$$= \overline{A}B + \overline{B}C$$

逻辑函数表达式的表达形式大致可分为 5 种："与或"式、"与非 - 与非"式、"与或非"式、"或与"式、"或非 - 或非"式。它样可以相互转换。例如：

$$Y = A\overline{B} + \overline{A}C$$
$$= \overline{\overline{A\overline{B} + \overline{A}C}} = \overline{\overline{A\overline{B}} \cdot \overline{\overline{A}C}}$$
$$= \overline{(\overline{A} + B)(A + \overline{C})} = \overline{\overline{A}C + AB}$$
$$= \overline{\overline{A}C} \cdot \overline{AB} = (A + C)(\overline{A} + \overline{B})$$
$$= \overline{\overline{(A + C)(\overline{A} + \overline{B})}} = \overline{\overline{A + C} + \overline{\overline{A} + \overline{B}}}$$

逻辑函数的化简，通常指的是化简为最简与或式。因为任何一个逻辑函数表达式都比较容易展开成与或式，一旦求得最简与或式，又比较容易变换为其他形式的表达式。所谓最简与或式，是指式中含有的乘积项最少，并且每一个乘积项包含的变量也是最少的。

2. 辑函数的代数化简法

代数化简法就是运用逻辑代数的基本定律、规则和常用公式化简逻辑函数。代数化简法经常用下列几种方法。

（1）合并项法

利用公式 $AB + A\overline{B} = A$，将两项合并为一项，消去一个变量。

【例 10.3】　　$Y = ABC + \overline{A}BC + \overline{BC} = BC(A + \overline{A}) + \overline{BC} = BC + \overline{BC} = 1$

$Y = ABC + \overline{A}B + AB\overline{C} = B(AC + \overline{A} + A\overline{C}) = B$

（2）吸收法

利用公式 $A + AB = A$ 及 $AB + \overline{A}C + BC = AB + \overline{A}C$，消去多余乘积项。

【例 10.4】　　$Y = A\overline{B} + A\overline{B}CD(E + F) = A\overline{B}$

$$Y = A\overline{B}D + \overline{A}\,\overline{B}C + CD = A\overline{B}D + \overline{A}\,\overline{B}C$$

（3）消去法

利用公式 $A + \overline{A}B = A + B$ 消去多余因子。

【例10.5】

$$Y = \overline{A} + AB + \overline{B}E = \overline{A} + B + \overline{B}E = \overline{A} + B + E$$

$$Y = AB + \overline{A}C + \overline{B}C = AB + (\overline{A} + \overline{B})C = AB + \overline{AB}C = AB + C$$

$$Y = A\overline{B} + \overline{A}B + ABCD + \overline{A}\,\overline{B}CD = A\overline{B} + \overline{A}B + (AB + \overline{A}\,\overline{B})CD$$

$$= A\overline{B} + \overline{A}B + \overline{\overline{A}\overline{B} + AB}CD = A\overline{B} + \overline{A}B + CD$$

（4）配项法

利用公式 $A + \overline{A} = 1$，给某个乘积项配项，以达到进一步简化的目的。

【例10.6】

$$Y = \overline{A}\,\overline{B} + \overline{B}C + BC + AB = \overline{A}\,\overline{B}(C + \overline{C}) + \overline{B}C + BC(A + \overline{A}) + AB$$

$$= \overline{A}\,\overline{B}C + \overline{A}\,\overline{B}\,\overline{C} + \overline{B}C + ABC + \overline{A}BC + AB$$

$$= AB + \overline{B}C + \overline{A}C(B + \overline{B}) = AB + \overline{B}C + \overline{A}C$$

【例10.7】

$$Y = AD + A\overline{D} + AB + A\overline{C} + BD + \overline{A}BEF + \overline{B}EF$$

$$= A + AB + A\overline{C} + BD + \overline{A}BEF + \overline{B}EF = A + BD + \overline{B}EF$$

$$Y = AC + \overline{A}BC + \overline{B}C + AB\overline{C} = \overline{AC \cdot \overline{A}BC \cdot \overline{B}C} + AB\overline{C}$$

$$= \overline{(\overline{A} + \overline{C})(A + \overline{B} + \overline{C})(B + \overline{C})} + AB\overline{C}$$

【例10.8】

$$= \overline{A}(A + \overline{B} + \overline{C})(B + \overline{C}) + \overline{C}(A + \overline{B} + \overline{C})(B + \overline{C}) + AB\overline{C}$$

$$= \overline{A}(\overline{B} + \overline{C})(B + \overline{C}) + \overline{C}(A + \overline{B} + 1)(B + 1) + AB\overline{C}$$

$$= \overline{A}(\overline{B}\overline{C} + B\overline{C} + \overline{C}) + \overline{C} + AB\overline{C} = \overline{A}\,\overline{C} + \overline{C} + AB\overline{C}$$

$$= \overline{C} + AB\overline{C} = \overline{C}$$

在数字电路中，大量使用与非门，所以如何把一个化简了的与或表达式转换成与非-与非式，并用与非门去实现它，是十分重要的。一般用两次求反法可以将一个化简了的与或式转换成与非-与非式。例如：

$$Y = AB + BC + C\overline{D} = \overline{\overline{AB + BC + C\overline{D}}} = \overline{\overline{AB} \cdot \overline{BC} \cdot \overline{C\overline{D}}}$$

10.3.5　逻辑函数的卡诺图化简

1. 最小项

（1）最小项的定义

对于 N 个变量，如果 P 是一个含有 N 个因子的乘积项，而在 P 中每一个变量都以原变量或反变量的形式出现一次，且仅出现一次，那么就称 P 是 N 个变量的一个最小项。

因为每个变量都以原变量和反变量两种可能的形式出现，所以 N 个变量有 2^N 个最小项。

（2）最小项的性质

表10-11列出了3个变量的全部最小项真值表。由表可以看出最小项具有下列性质。

表 10-11　3 变量的最小项真值表

ABC	$\overline{A}\,\overline{B}\,\overline{C}$	$\overline{A}\,\overline{B}C$	$\overline{A}B\overline{C}$	$\overline{A}BC$	$A\overline{B}\,\overline{C}$	$A\overline{B}C$	$AB\overline{C}$	ABC
000	1	0	0	0	0	0	0	0
001	0	1	0	0	0	0	0	0
010	0	0	1	0	0	0	0	0
011	0	0	0	1	0	0	0	0
100	0	0	0	0	1	0	0	0
101	0	0	0	0	0	1	0	0
110	0	0	0	0	0	0	1	0
111	0	0	0	0	0	0	0	1

性质 1：每个最小项仅有一组变量的取值会使它的值为"1"，而其他变量取值都使其值为"0"。

性质 2：任意两个不同的最小项的乘积恒为"0"。

性质 3：全部最小项之和恒为"1"。

由函数的真值表可以很容易地写出函数的标准与或式，此外，利用逻辑代数的定律、公式，可以将任何逻辑函数式展开或变换成标准与或式。

【例 10.9】将逻辑函数式 $Y = AB + BC + AC$ 变换成标准与或式。

解：

$$Y = AB + BC + AC = AB(C + \overline{C}) + BC(A + \overline{A}) + AC(B + \overline{B})$$
$$= ABC + AB\overline{C} + \overline{A}BC + A\overline{B}C$$

【例 10.10】将逻辑函数式 $Y = \overline{(AB + \overline{AB} + C)\overline{AB}}$ 变换成标准与或式。

解：

$$Y = \overline{(AB + \overline{AB} + C)\overline{AB}} = \overline{AB + \overline{AB} + C} + AB$$
$$= \overline{AB} \cdot \overline{\overline{AB}} \cdot \overline{C} + AB = (\overline{A} + \overline{B})(A + B)\overline{C} + AB = \overline{A}B\overline{C} + A\overline{B}\,\overline{C} + AB(C + \overline{C})$$
$$= \overline{A}B\overline{C} + A\overline{B}\overline{C} + ABC + AB\overline{C}$$

（3）最小项编号及表达式

为便于表示，要对最小项进行编号。编号的方法是：把与最小项对应的那一组变量取值组合当成二进制数，与其对应的十进制数，就是该最小项的编号。

在标准与或式中，常用最小项的编号来表示最小项。例如：$Y = \overline{A}BC + A\overline{B}C + AB\overline{C} + ABC$ 常写成或 $Y = F(A, B, C) = m_3 + m_5 + m_6 + m_7$ 或 $Y = \sum_m (3, 5, 6, 7)$。

2．逻辑函数的卡诺图表达法

（1）逻辑变量卡诺图

卡诺图也叫最小项方格图，它将最小项按一定的规则排列成方格阵列。根据变量的数目 n，则应有 2^n 个小方格，每个小方格代表一个最小项。

卡诺图中将 n 个变量分成行变量和列变量两组，行变量和列变量的取值，决定了小方格的编号，也即最小项的编号。行、列变量的取值顺序一定要按格雷码进行排列。图10-23 列出了三变量和四变量的卡诺图。

（a）三变量卡诺图　　　　　　　　（b）四变量卡诺图

图 10-23　三变量、四变量的卡诺图

卡诺图的特点是形象地展现了各个最小项之间在逻辑上的相邻性。图中任何几何位置相邻的最小项，在逻辑上也是相邻的。

所谓逻辑相邻，是指两个最小项只有一个是互补的，而其余的变量都相同。

所谓几何相邻，不仅包括卡诺图中相接小方格的相邻，方格间还具有对称相邻性。对称相邻性是指以方格阵列的水平或垂直中心线为对称轴，彼此对称的小方格间也是相邻的。

卡诺图的主要缺点是随着变量数目的增加，图形迅速复杂化，当逻辑变量在 5 个以上时，很少使用卡诺图。

（2）逻辑函数卡诺图

用卡诺图表示逻辑函数就是将函数真值表或表达式等的值填入卡诺图中。

可根据真值表或标准与或式画卡诺图，也可根据一般逻辑式画卡诺图。若已知的是一般的逻辑函数表达式，则首先将函数表达式变换成与或表达式，然后利用直接观察法填卡诺图。观察法的原理是：在逻辑函数与或表达式中，凡是乘积项，只要有一个变量因子为 0 时，该乘积项为 0；只有乘积项所有因子都为 1 时，该乘积项为 1。如果乘积项没有包含全部变量，无论所缺变量为 1 或者为 0，只要乘积项现有变量满足乘积项为 1 的条件，该乘积项即为 1。

【例 10.11】画出 $Y = \overline{(A+D)(B+\overline{C})}$ 的卡诺图。

解： 可以将上式写成 $Y = \overline{A}\,\overline{D} + \overline{B}C$，根据上述原理我们可以得到如图 10-24 所示的卡诺图。

【例 10.12】画出下式的卡诺图

$$Y(A,B,C,D) = \sum m(1,3,4,6,7,11,14,15)$$

解： 因为上式给出的是最小项的形式，所以可以直接来进行填充，得到如图 10-25 所示的卡诺图。

CD \ AB	00	01	11	10
00	1	1	0	0
01	0	0	0	0
11	1	0	0	1
10	1	1	0	1

图 10-24　例 10.11 卡诺图

CD \ AB	00	01	11	10
00	0	1	0	0
01	1	0	0	0
11	1	1	1	1
10	0	1	1	0

图 10-25　例 10.12 卡诺图

（3）逻辑函数的卡诺图化简法

①合并最小项的规律。根据相邻最小项的性质可知，两逻辑上相邻的最小项之和可以合并成一项，并消去一个变量；4 个相邻最小项可合并为一项，并消去两个变量。卡诺图上能够合并的相邻最小项必须是 2 的整次幂。

②用卡诺图化简逻辑函数。用卡诺图化简逻辑函数一般可分为 3 步进行：首先是画出函数的卡诺图；然后是圈 1 合并最小项；最后根据方格圈写出最简与或式。

在圈 1 合并最小项时应注意以下几个问题：圈数尽可能少；圈尽可能大；卡诺图中所有"1"都要被圈，且每个"1"可以多次被圈；每个圈中至少要有一个"1"只圈 1 次。一般来说，合并最小项圈 1 的顺序是先圈没有相邻项的 1 格，再圈两格组、四格组、八格组……

说明：

① 在有些情况下，最小项的圈法不止一种，得到的各个乘积项组成的与或表达式各不相同，哪个是最简的，要经过比较、检查才能确定。

② 在有些情况下，不同圈法得到的与或表达式都是最简形式。即一个函数的最简与或表达式不是唯一的。

3．具有约束条件的逻辑函数化简

（1）约束、约束条件、约束项

在实际的逻辑问题中，决定某一逻辑函数的各个变量之间，往往具有一定的制约关系，这种制约关系称为约束。

【例 10.13】设在十字路口的交通信号灯，绿灯亮表示可通行，黄灯亮表示车辆停，红灯亮表示不通行。如果用逻辑变量 A、B、C 分别代表绿、黄、红灯，并设灯亮为 1，灯灭为 0；用 Y 代表是否停车，设停车为 1，通行为 0。则 Y 的状态是由 A、B、C 的状态决定的，即 Y 是 A、B、C 的函数。

解：在这一函数关系中，三个变量之间存在着严格的制约关系。因为通常不允许两种以上的灯同时亮。如果用逻辑表达式表示上述约束关系，有

$$AB = 0，\quad BC = 0，\quad AC = 0$$

或

$$AB + BC + AC = 0$$

通常把反映约束关系的这个值恒等于 0 的条件等式称为约束条件。

将等式展开成最小项表达式，则有

$$ABC + AB\overline{C} + \overline{A}BC + A\overline{B}C = 0$$

由最小项性质可知，只有对应的变量取值组合出现时，其值才为 1。约束条件中包含的最小项的值恒为 0，不能为 1，所以对应的变量取值组合不会出现。这种不会出现的变量取值组合所对应的最小项称为约束项。

约束项所对应的函数值，一般用 X 表示。这表明约束项对应的变量取值组合不会出现，而函数值可以认为是任意的。

约束项可写为

$$\sum m(3, 5, 6, 7) = 0$$

（2）具有约束的逻辑函数的化简

约束项所对应的函数值，既可看作 0，也可看作 1。当把某约束项看作 0 时，表示逻辑函数中就不包括该约束项，如果是看作 1，则说明函数式中包含了该约束项，但因其所对应的变量取值组合不会出现，也就是说加上该项等于加 0，函数值不会受影响。

【例 10.14】化简逻辑函数

$$Y(A, B, C, D) = \sum m(1, 2, 5, 6, 9) + \sum d(10, 11, 12, 13, 14, 15)$$

式中 d 表示约束项。

解：

a）根据最小项表达式和约束条件画卡诺图，根据已知函数填写卡诺图，并将约束项的小方格填上"X"，如图 10-26 所示。

b）画卡诺圈，约束项可以视为"0"，也可以视为"1"，如图 10-27 所示。

图 10-26 例 10.14 的卡诺图

图 10-27 例 10.14 的卡诺圈

c）写出化简后的逻辑函数表达式

$$Y = \overline{C}D + C\overline{D}$$

本章小结

①数字电路中广泛采用二进制，二进制的特点是逢二进一，用 0 和 1 表示逻辑变量的两种状态。二进制可以方便地转换成八进制、十进制和十六制。BCD 码是十进制数的二进制代码表示，常用的 BCD 码是 8421 码。

②数字电路的输入变量和输出变量之间的关系可以用逻辑代数来描述，最基本的逻辑运算是与运算、或运算和非运算。

③逻辑函数有 4 种表示方法：真值表、逻辑表达式、逻辑图和卡诺图。这 4 种方法之间可以互相转换，真值表和卡诺图是逻辑函数的最小项表示法，它们具有唯一性。而逻辑表达式和逻辑图都不是唯一的。使用这些方法时，应当根据具体情况选择最合适的一种方法来表示所研究的逻辑函数。

④本章介绍了两种逻辑函数化简法。公式化简法是利用逻辑代数的公式和规则，经过运算，对逻辑表达式进行化简。它的优点是不受变量个数的限制，但是否能够得到最简的结果，不仅需要熟练地运用公式和规则，而且需要有一定的运算技巧。卡诺图化简法是利用逻辑函数的卡诺图进行化简，其优点是方便直观、容易掌握，但变量个数较多时（5 个以上），则因为图形复杂，不宜使用。在实际化简逻辑函数时，将两种化简方法结合起来使用，往往效果更佳。

习　　题

1. 一位十六进制数可以用（　　）位二进制数来表示。

    A. 1　　　　　　　B. 2　　　　　　　C. 4　　　　　　　D. 16

2. 十进制数 25 用 8421BCD 码表示为（　　）。

    A. 10 101　　　B. 0010 0101　　　　C. 100101　　　D. 10101

3. 在一个 8 位的存储单元中，能够存储的最大无符号整数是（　　）。

    A. $(256)_{10}$　　　B. $(127)_{10}$　　　C. $(FF)_{16}$　　　D. $(255)_{10}$

4. 与十进制数 $(53.5)_{10}$ 等值的数或代码为（　　）。

    A. $(0101\ 0011.0101)_{8421BCD}$　　　　　　　　　　　B. $(35.8)_{16}$

    C. $(110101.1)_{2}$　　　　　　　　　　　　　　　　D. $(65.4)_{8}$

5. 与八进制数 $(47.3)_{8}$ 等值的数为（　　）。

    A. $(100111.011)_{2}$　　　B. $(27.6)1_{6}$

    C. $(27.3)_{16}$　　　　　D. $(100111.11)_{2}$

6. 与模拟电路相比，数字电路主要的优点有（　　）。

　　A. 容易设计　　B. 通用性强　　　　　C. 保密性好　　D. 抗干扰能力强

7. 逻辑变量的取值 1 和 0 可以表示：（　　）。

　　A. 开关的闭合、断开　　　　B. 电位的高、低

　　C. 真与假　　　　　　　　　D. 电流的有、无

8. 当逻辑函数有 n 个变量时，共有（　　）个变量取值组合。

　　A. n　　　　　B. $2n$　　　　C. $n2$　　　D. $2n$

9. $(10110010.1011)2=(\quad)8=(\quad)16$

10. $(35.4)8=(\quad)2=(\quad)10=(\quad)16$

11. $(39.75)10=(\quad)2=(\quad)8=(\quad)16$

12. $(5E.C)16=(\quad)2=(\quad)8=(\quad)10$

13. 门电路及由门电路组成的各种逻辑电路种类很多，应用广泛，但其中最基本的三种门电路是 ＿＿ 门、＿＿ 门和 ＿＿ 门。

14. 写出下列逻辑函数的反函数，并化成最简与或表达式。

（1）$Y=A\bar{B}+\bar{C}D$

（2）$Y=\bar{A}(\bar{BC}+\bar{AC})\cdot(AB\bar{C}+A+C)$

15. 用代数法化简下列逻辑函数。

（1）$Y=\bar{A}\bar{B}\bar{C}+B\bar{C}+A\bar{C}$

（2）$Y=\bar{AC}+A(\bar{C}+\bar{A}BC)+AB\bar{C}$

（3）$Y=(ABC+B\bar{C}D)(A+C)$

（4）$Y=AB\bar{C}+\bar{A}D(\bar{BC}+\bar{A}\bar{C})+ABC+AB(\bar{D}+EY)+A\bar{C}D$

（5）$Y=(A+BC)\cdot(B+\bar{C}D)$

16. 用卡诺图化简下列逻辑函数。

（1）$Y(ABC)=B\bar{C}+\bar{A}\bar{B}C+A\bar{C}+A\bar{B}C$

（2）$Y(ABCD)=ABD+A\bar{B}\bar{C}D+\bar{A}BCD+\bar{B}D$

（3）$Y(ABC)=\sum m(0,2,4,6,7)$

（4）$Y(ABCD)=\sum m(1,2,6,7,8,9,10,13,14,15)$

17. 用卡诺图法化简带约束项的逻辑函数。

（1）$Y(ABCD)=\sum m(1,3,5,7,8,9)+\sum d(10,11,12,13,14,15)$

（2）$Y(ABCD)=\sum m(2,3,4,6,7,8)+\sum d(10,11,12,13,14,15)$

（3）$Y(ABCD)=\sum m(0,2,8,9)+\sum d(10,11,12,13,14,15)$

第 11 章　组合逻辑电路

数字电路可分为两种类型：一类是组合逻辑电路，另一类是时序逻辑电路。本章主要介绍组合逻辑电路。

本章要点

◆ 组合逻辑电路的定义及特点；

◆ 组合逻辑电路的分析与设计方法；

◆ 常用中规模组合逻辑电路，编码器、译码器、数据选择器、数据选择器等。

11.1　组合逻辑电路的特点及分析方法

逻辑电路按照逻辑功能的不同可分为两大类：一类是组合逻辑电路（简称组合电路），另一类是时序逻辑电路（简称时序电路）。它们的特点分别是：组合逻辑电路在任意时刻的输出信号取决于该时刻的输入信号，与信号作用前的状态无关，即电路没有记忆功能。从结构上看，构成单元是各种门电路。时序逻辑电路的输出状态不仅与当时的输入信号有关，还与电路的原状态有关，即电路保留了原状态，它有记忆功能。从结构上看，构成单元是门电路与存储单元（触发器）。本章讨论组合逻辑电路，并以常用的组合逻辑电路为例，说明分析与设计的方法。

11.1.1　组合逻辑电路的特点

①输出、输入之间没有反馈延迟通路，电路中不含记忆元件，输出信号仅由当时的输入信号决定。

②电路一般由各种基本门电路和复合门电路构成。

③输入信号和输出信号个数可以是一个，也可以是多个；变量和函数的个数可以是相同也可以是不同。

11.1.2　组合逻辑电路分析方法

所谓组合逻辑电路的分析，就是根据给定的逻辑电路图，求出电路的逻辑功能。分析组合逻辑电路的目的是确定已知电路的逻辑功能，或者检查电路设计是否合理。

1．分析的主要步骤

①由逻辑图写表达式，从输入到输出逐级写出逻辑函数表达式。

②利用代数法或卡诺图法化简表达式。

③根据逻辑表达式列真值表。

④按真值表的逻辑关系描述逻辑功能。

2．举例说明组合逻辑电路的分析方法

【例 11.1】试分析图 11-1 所示电路的逻辑功能。

解：①由逻辑图可得，输出 F 的逻辑表达式为

$$F = \overline{\overline{AB} \cdot \overline{AC} \cdot \overline{BC}}$$

②可变换为

$$F = AB + AC + BC$$

③列出真值表如表 11-1 所示。

图 11-1　例 11.1 逻辑电路图

表 11-1　例 11.1 真值表

A	B	C	D
0	0	0	0
0	0	1	0
0	1	0	0
0	1	1	1
1	0	0	0
1	0	1	1
1	1	0	1
1	1	1	1

④确定电路的逻辑功能。

由真值表可知，三个变量输入 A，B，C，只有两个及两个以上变量取值为 1 时，输出才为 1。可见电路可实现多数表决逻辑功能。

【例 11.2】分析图 11-2（a）所示电路的逻辑功能。

解：为了方便写表达式，在图中标注中间变量，比如 F_1、F_2 和 F_3，如图 11-2（a）所示。

$$S = \overline{\overline{F_2 F_3}} = \overline{\overline{AF_1} \cdot \overline{BF_1}} = \overline{A\overline{AB}} \cdot \overline{B\overline{AB}} = A\overline{AB} + B\overline{AB} = (\overline{A} + \overline{B})(A + B) = \overline{A}B + A\overline{B} = A \oplus B$$

$$C = \overline{\overline{F_1}} = \overline{\overline{AB}} = AB$$

该电路实现两个一位二进制数相加的功能。S 是它们的和，C 是向高位的进位。由于这一加法器电路没有考虑低位的进位，所以称该电路为半加器。根据 S 和 C 的表达式，将

原电路图改画成图 11-2（b）所示的逻辑图，真值表如表 11-2 所示。

（a）原电路　　　　　　　　　　（b）等效电路

图 11-2　例 11.2 逻辑电路图

表 11-2　例 11.2 真值表

A	B	S	C
0	0	0	0
0	1	1	0
1	0	1	0
1	1	0	1

11.2　组合逻辑电路的设计方法

11.2.1　组合逻辑电路的设计方法

与分析过程相反，组合逻辑电路的设计是根据给定的实际逻辑问题，求出实现其逻辑功能的最简单的逻辑电路。

组合逻辑电路的设计步骤：

①分析设计要求，设置输入输出变量并逻辑赋值；定义逻辑状态，即确定 0、1 的具体含义。

②列真值表。

③写出逻辑表达式，并化简。

④画逻辑电路图。

11.2.2　设计举例

【例 11.3】一火灾报警系统，设有烟感、温感和紫外光感三种类型的火灾探测器。为了防止误报警，只有当其中有两种或两种以上类型的探测器发出火灾检测信号时，报警系统才产生报警控制信号。设计一个产生报警控制信号的电路。

解：①分析设计要求，设输入输出变量并逻辑赋值。

输入变量：烟感 A、温感 B，紫外线光感 C；

输出变量：报警控制信号 Y。

逻辑赋值：用 1 表示肯定，用 0 表示否定。

②列真值表。

把逻辑关系转换成数字表示形式，如表 11-3 所示真值表。

表 11-3　例 11.3 真值表

A	B	C	Y
0	0	0	0
0	0	1	0
0	1	0	0
0	1	1	1
1	0	0	0
1	0	1	1
1	1	0	1
1	1	1	1

③由真值表写逻辑表达式，并化简。

$$Y = \overline{A}BC + A\overline{B}C + AB\overline{C} + ABC$$

化简得最简式

$$Y = BC + AC + AB$$

④画逻辑电路图。

考虑所学，用 $Y = \overline{\overline{BC} + \overline{AC} + \overline{AB}}$ 代替最简式，用
一个与或非门加一个非门就可以实现，其逻辑电路如图 11-3 所示。

图 11-3　例 11.3 的逻辑电路图

11.3　常用中规模组合逻辑电路

人们为解决实践上遇到的各种逻辑问题，设计了许多逻辑电路。然而，我们发现，其中有些逻辑电路经常大量出现在各种数字系统当中。为了方便使用，各厂家已经把这些逻辑电路制造成中规模集成的组合逻辑电路产品。比较常用的有编码器、译码器、数据选择器、加法器和数值比较器等等，下面分别进行介绍。

11.3.1　编码器

用二进制代码表示文字、符号或者数码等特定对象的过程，称为编码。实现编码的逻辑电路，称为编码器。对 M 个信号编码时，应如何确定位数 N ？ N 位二进制代码可以表示多少个信号？编码原则：N 位二进制代码可以表示 2^N 个信号，则对 M 个信号编码时，应由 $2^N \geqslant M$ 来确定位数 N 。

【例 11.4】对 101 键盘编码时，采用几位二进制代码？

解：对 101 键盘编码时，采用了 7 位二进制代码 ASCII 码。$2^7 = 128 > 101$ 。

目前经常使用的编码器有普通编码器和优先编码器两种。

图 11-4　普通编码器的逻辑图

1. 普通编码器

定义：任何时刻只允许输入一个有效编码请求信号，否则输出将发生混乱。

以一个 3 位二进制普通编码器为例，说明普通编码器的工作原理，如表 11-4 所示。

表 11-4　编码器输入输出的对应关系

I_0	I_1	I_2	I_3	I_4	I_5	I_6	I_7	Y_2	Y_1	Y_0
1	0	0	0	0	0	0	0	0	0	0
0	1	0	0	0	0	0	0	0	0	1
0	0	1	0	0	0	0	0	0	1	0
0	0	0	1	0	0	0	0	0	1	1
0	0	0	0	1	0	0	0	1	0	0
0	0	0	0	0	1	0	0	1	0	1
0	0	0	0	0	0	1	0	1	1	0
0	0	0	0	0	0	0	1	1	1	1

在表 11-4 中所示的真值表中输入 8 个信号（对象）$I_0 \sim I_7$（二值量），输出 3 位二进制代码 $Y_2\ Y_1\ Y_0$ 称 8 线—3 线编码器。

2. 优先编码器

在优先编码器中，允许同时输入两个以上的有效编码请求信号。当几个输入信号同时出现时，只对其中优先权最高的一个进行编码。优先级别的高低由设计者根据输入信号的轻重缓急情况而定。下面以 8 线—3 线优先编码器 74LS148 为例来说明优先编码的逻辑特点及功能。

图 11-5　74LS148 编码器的逻辑图

如图 11-5 为 74LS148 的逻辑图，表 11-5 为其逻辑功能表。分析其逻辑功能表我们不难发现 74LS148 具有以下几个特点：

表 11-5　74LS148 电路的功能表

输　入		输　出	
$\overline{S}$	$\overline{I_0}\ \overline{I_1}\ \overline{I_2}\ \overline{I_3}\ \overline{I_4}\ \overline{I_5}\ \overline{I_6}\ \overline{I_7}$	$\overline{Y_2}\ \overline{Y_1}\ \overline{Y_0}$	$\overline{Y_S}\ \overline{Y_{EX}}$
1	× × × × × × × ×	0 1 1	1 1
0	1 1 1 1 1 1 1 1	1 1 1	0 1
0	× × × × × × × 0	0 0 0	1 0
0	× × × × × × 0 1	0 0 1	1 0
0	× × × × × 0 1 1	0 1 0	1 0
0	× × × × 0 1 1 1	0 1 1	1 0
0	× × × 0 1 1 1 1	1 0 0	1 0
0	× × 0 1 1 1 1 1	1 0 1	1 0
0	× 0 1 1 1 1 1 1	1 1 0	1 0
0	0 1 1 1 1 1 1 1	1 1 1	1 0

①编码输入端：逻辑符号输入端 $I_0 \sim I_7$ 上面均有"—"号，这表示编码输入低电平有效。I7 的优先权最高，且低电平有效，当全为 1 时，允许编码，但无有效编码请求。

②编码输出端 $\overline{Y_2}$、$\overline{Y_1}$、$\overline{Y_0}$：从功能表可以看出，74LS148 编码器的编码输出是反码。

③选通输入端：只有在 $\overline{S}=0$ 时，编码器才处于工作状态；而在 $\overline{S}=1$ 时，编码器处于禁止状态，所有输出端均被封锁为高电平。

④选通输出端 Y_S 和扩展输出端 Y_{EX}：为扩展编码器功能而设置。

以上通过对 74LS148 编码器逻辑功能的分析，介绍了通过 MSI 器件逻辑功能表了解集成器件功能的方法，要求初步具备查阅器件手册的能力。

11.3.2　译码器

译码是编码的逆过程，将编码时赋予代码的特定含义"翻译"出来就是译码。实现译码功能的组合逻辑电路称为译码器。常用的译码器有二进制译码器、二十进制译码器和显示译码器等。

1．二进制译码器

二进制译码器是指输入为 N 位二进制代码，输出为 2^N 个最小项。输入是 3 位二进制代码、有 8 种状态，8 个输出端分别对应其中一种输入状态。因此，又把 3 位二进制译码器称为 3 线 8 线译码器。图 11-6 为三位二进制译码器 74LS138 的仿真电路图，图 11-7 为其逻辑电路图。

图 11-6　74LS138 的仿真电路图 　　　　图 11-7　74LS138 的逻辑电路图

下面来分析 74LS138 的逻辑功能。S 为控制端（又称使能端），$S=1$ 译码工作，$S=0$ 禁止译码，输出全 1。

$$S = S_1 \cdot \overline{S_2} \cdot \overline{S_3}$$

3 个译码输入端（又称地址输入端）A_2、A_1、A_0，8 个译码输出端 $\overline{Y}_1 \sim \overline{Y}_7$，以及 3 个控制端（又称使能端）$S_1$、$\overline{S}_2$、$\overline{S}_3$，$S_1$、$\overline{S}_2$、$\overline{S}_3$ 是译码器的控制输入端，当 $S_1=1$、$\overline{S}_2+\overline{S}_3=0$（即 $S_1=1$，$\overline{S}_2$ 和 $\overline{S}_3$ 均为 0）时，G_S 输出为高电平，译码器处于工作状态。否则，译码器被禁止，所有的输出端被封锁在高电平。

当译码器处于工作状态时，每输入一个二进制代码将使对应的一个输出端为低电平，而其他输出端均为高电平。也可以说对应的输出端被"译中"。74LS138 输出端被"译中"时为低电平，所以其逻辑符号中每个输出端 $\overline{Y}_1 \sim \overline{Y}_7$ 上方均有"—"符号，表 11-6 为 74LS138 的功能表。

$$\overline{Y}_i = \overline{S \cdot m_i}\ (i = 0, 1 \cdots 7)$$

表 11-6 74LS138 的功能表

输 入				输 出						
S_1 $\bar{S}_2+\bar{S}_3$		A_2 A_1 A_0		$\bar{Y}_1$	$\bar{Y}_2$	$\bar{Y}_3$	$\bar{Y}_4$	$\bar{Y}_5$	$\bar{Y}_6$	$\bar{Y}_7$
× 1		× × ×		1 1 1 1 1 1 1 1						
0 ×		× × ×		1 1 1 1 1 1 1 1						
1 0		0 0 0		0 1 1 1 1 1 1 1						
1 0		0 0 1		1 0 1 1 1 1 1 1						
1 0		0 1 0		1 1 0 1 1 1 1 1						
1 0		0 1 1		1 1 1 0 1 1 1 1						
1 0		1 0 0		1 1 1 1 0 1 1 1						
1 0		1 0 1		1 1 1 1 1 0 1 1						
1 0		1 1 0		1 1 1 1 1 1 0 1						
1 0		1 1 1		1 1 1 1 1 1 1 0						

应用举例

（1）利用使能端实现功能扩展，如图 11-8 用两片 74LS138 译码器构成 4 线—16 线译码器。

图 11-8 用两片 74LS138 译码器构成 4 线—16 线译码器

（2）实现组合逻辑函数 $F(A,B,C)$

$$F(A,B,C)=\sum m_i\,(i=0,1,\cdots,7)$$

$$\bar{Y}_i=\overline{S\cdot m_i}\,(S=1,i=0,1,\cdots,7)$$

比较以上两式可知，把 3 线—8 线译码器 74LS138 地址输入端（ A_2 A_1 A_0 ）作为逻辑函数的输入变量（ ABC ），译码器的每个输出端 $\bar{Y}_i$ 都与某一个最小项 $\bar{m}_i$ 相对应，加上适当的门电路，就可以利用译码器实现组合逻辑函数。

【例 11.5】试用 74LS138 译码器实现逻辑函数

$$F(A,B,C)=\sum m(1,3,5,6,7)$$

解：因为

$$\bar{Y}_i=\bar{m}_i\,(i=0,1,\cdots,7)$$

则：

$$F(A,B,C) = \sum m(1,3,5,6,7) = m_1 + m_3 + m_5 + m_6 + m_7$$

$$= \overline{\overline{m_1} \cdot \overline{m_3} \cdot \overline{m_5} \cdot \overline{m_6} \cdot \overline{m_7}} = \overline{\overline{Y_1} \cdot \overline{Y_3} \cdot \overline{Y_5} \cdot \overline{Y_6} \cdot \overline{Y_7}}$$

因此，正确连接控制输入端使译码器处于工作状态，将 $\overline{Y_1}$、$\overline{Y_3}$、$\overline{Y_5}$、$\overline{Y_6}$、$\overline{Y_7}$ 经一个与非门输出，A_2、A_1、A_0 分别作为输入变量 A、B、C，就可实现组合逻辑函数，如图 11-9 所示。

2．二十进制译码器

二十进制译码器的逻辑功能是将输入的 BCD 码译成 10 个输出信号。图 11-10 是二十进制译码器 74LS42 的逻辑符号，其功能表如表 11-7 所示。

图 11-9　例 11.5 逻辑图　　　　　图 11-10　74LS42 逻辑符号

表 11-7　74LS42 的功能表

$A_3\ A_2\ A_1\ A_0$	$\overline{Y_0}$	$\overline{Y_1}$	$\overline{Y_2}$	$\overline{Y_3}$	$\overline{Y_4}$	$\overline{Y_5}$	$\overline{Y_6}$	$\overline{Y_7}$	$\overline{Y_8}$	$\overline{Y_9}$
0 0 0 0	0	1	1	1	1	1	1	1	1	1
0 0 0 1	1	0	1	1	1	1	1	1	1	1
0 0 1 0	1	1	0	1	1	1	1	1	1	1
0 0 1 1	1	1	1	0	1	1	1	1	1	1
0 1 0 0	1	1	1	1	0	1	1	1	1	1
0 1 0 1	1	1	1	1	1	0	1	1	1	1
0 1 1 0	1	1	1	1	1	1	0	1	1	1
0 1 1 1	1	1	1	1	1	1	1	0	1	1
1 0 0 0	1	1	1	1	1	1	1	1	0	1
1 0 0 1	1	1	1	1	1	1	1	1	1	0
1 0 1 0	1	1	1	1	1	1	1	1	1	1
1 0 1 1	1	1	1	1	1	1	1	1	1	1
1 1 0 0	1	1	1	1	1	1	1	1	1	1
1 1 0 1	1	1	1	1	1	1	1	1	1	1
1 1 1 0	1	1	1	1	1	1	1	1	1	1
1 1 1 1	1	1	1	1	1	1	1	1	1	1

3. 显示译码器

在数字测量仪表和各种数字系统中，都需要将数字量直观地显示出来，一方面供人们直接读取测量和运算的结果，另一方面用于监视数字系统的工作情况。

数字显示电路是数字设备不可缺少的部分。数字显示电路通常由计数器、显示译码器、驱动器和显示器等部分组成，如图 11-11 所示。

计数器 → 译码器 → 驱动器 → 显示器

图 11-11 数字显示电路的组成方框图

（1）数字显示器件

数字显示器件是用来显示数字、文字或者符号的器件，常见的有辉光数码管、荧光数码管、液晶显示器、发光二极管数码管、场致发光数字板、等离子体显示板等。本书主要讨论发光二极管数码管。

（i）发光二极管（LED）及其驱动方式

LED 具有许多优点，它不仅有工作电压低（1.5 ~ 3V）、体积小、寿命长、可靠性高等优点，而且响应速度快（≤ 100ns）、亮度比较高。LED 的工作电流一般选在 5 ~ 10mA，但不允许超过最大值（通常为 50mA）。LED 可以直接由门电路驱动，如图 11-12 所示。图 11-12（a）是输出为低电平时，LED 发光，称为低电平驱动；图 11-12（b）是输出为高电平时，LED 发光，称为高电平驱动；采用高电平驱动方式的 TTL 门最好选用 OC 门。

（a）低电平驱动   （b）高电平驱动

图 11-12 门电路驱动 LED

（ii）LED 数码管

LED 数码管又称为半导体数码管，是由多个 LED 按分段式封装制成的。LED 数码管有两种形式：共阴型和共阳型，如图 11-13 所示。

（2）七段显示译码器

（i）七段字形显示方式

LED 数码管通常采用图 11-14 所示的七段字形显示方式来表示 0 ~ 9 十个数字。

（ii）七段显示译码器

七段显示器译码器把输入的 BCD 码，翻译成驱动七段 LED 数码管各对应段所需的电平。74LS49 是一种七段显示译码器，其逻辑符号如图 11-15 所示。

（a）外形图　　　　（b）共阴型　　　　　　　　　　　（c）共阳型

图 11-13　七段显示 LED 数码管

图 11-14　七段数码管字形显示方式

译码输入端：D、C、B、A 为 8421BCD 码。七段代码输出端：a、b、c、d、e、f、g，某段输出为高电平时该段点亮，用以驱动高电平有效的七段显示 LED 数码管。灭灯控制端：I_B，当 $I_B = 1$ 时，译码器处于正常译码工作状态；若 $I_B = 0$，不管 D、C、B、A 输入什么信号，译码器各输出端均为低电平，处于灭灯状态。利用 I_B 信号，可以控制数码管按照要求处于显示或者灭灯状态，如闪烁、熄灭首尾部多余的 0 等。

图 11-16 是一个用七段显示译码器 74LS49 驱动共阴型 LED 数码管的实用电路，表11-8 为 74LS49 的功能表。

图 11-15　74LS49 的逻辑符号　　　图 11-16　74LS49 驱动共阴型 LED 数码管电路

表 11-8 74LS49 的功能表

I_B	D	C	B	A	a	b	c	d	e	f	g	字 形
输 入					输 出							
1	0	0	0	0	1	1	1	1	1	1	0	0
1	0	0	0	1	0	1	1	0	0	0	0	1
1	0	0	1	0	1	1	0	1	1	0	1	2
1	0	0	1	1	1	1	1	1	0	0	1	3
1	0	1	0	0	0	1	1	0	0	1	1	4
1	0	1	0	1	1	0	1	1	0	1	1	5
1	0	1	1	0	0	0	1	1	1	1	1	6
1	0	1	1	1	1	1	1	0	0	0	0	7
1	1	0	0	0	1	1	1	1	1	1	1	8
1	1	0	0	1	1	1	1	0	0	1	1	9
1	1	0	1	0	0	0	0	1	1	0	1	c
1	1	0	1	1	0	0	1	1	0	0	1	u
1	1	1	0	0	0	1	0	0	0	1	1	u
1	1	1	0	1	1	0	0	1	0	1	1	L
1	1	1	1	0	0	0	0	1	1	1	1	晴
1	1	1	1	1	0	0	0	0	0	0	0	晴
0	×	×	×	×	0	0	0	0	0	0	0	

11.3.3 数据选择器

在多路数据传送过程中，能够根据需要将其中的任意一路挑选出来的电路，叫作数据选择器，也称为多路选择器，其作用相当于多路开关。常见的数据选择器有四选一、八选一等电路。

1. 数据选择器的工作原理

以四选一数据选择器为例。如图 11-17 和图 11-18 分别为四选一数据选择器仿真电路和逻辑电路，A_1、A_0 为地址输入端，D_3、D_2、D_1、D_0 为数据输入端，S 为控制输入端，Y 为输出端。

图 11-17 四选一数据选择器仿真电路

图 11-18 四选一数据选择器逻辑电路

其公式表达式为

$$Y(A_1, A_0) = S(m_0 D_0 + m_1 D_1 + m_2 D_2 + m_3 D_3)$$

写出了四选一数据选择器的功能表如表 11-9 所示。

表 11-9　四选一数据选择器的功能表

输　入			输　出
S	A_1	A_0	Y
0	×	×	0
1	0	0	D_0
1	0	1	D_1
1	1	0	D_2
1	1	1	D_3

2. 八选一数据选择器 74LS151

八选一数据选择器 74LS151 具有三个地址输入端 A_2、A_1、A_0，8 个数据输入端 $D_0 \sim D_7$，两个互补输出的数据输出端 Y 和 $\overline{Y}$，一个控制输入端 $\overline{S}$。74LS151 是一种典型的集成电路数据选择器，利用数据选择器，当使能端有效时，将地址输入、数据输入代替逻辑汉书中的变量实现逻辑函数，图 11-19 为 74LS151 的逻辑符号，表 11-10 为 74LS151 的功能表。

图 11-19　74LS151 的逻辑符号

表 11-10　74LS151 的功能表

输　入				输　出	
$\overline{S}$	A_2	A_1	A_0	Y	$\overline{Y}$
1	×	×	×	0	1
0	0	0	0	$D0$	$\overline{D}_0$
0	0	0	1	D_1	$\overline{D}_1$
0	0	1	0	D_2	$\overline{D}_2$
0	0	1	1	D_3	$\overline{D}_3$
0	1	0	0	D_4	$\overline{D}_4$
0	1	0	1	D_5	$\overline{D}_5$
0	1	1	0	D_6	$\overline{D}_6$
0	1	1	1	D_7	$\overline{D}_7$

3. 应用举例

（1）功能扩展

用两片八选一数据选择器 74LS151，利用使能端可以构成十六选一数据选择器，如图 11-20 所示。

图中两片数据选择器 74LS151（1）、74LS151（2）分别称为片 1、片 2，A_3 =1 时，片 1 禁止，片 2 工作；A_3 =0 时，片 1 工作，片 2 禁止。

图 11-20　两片 74LS151 构成十六选一数据选择器

（2）实现组合逻辑函数

组合逻辑函数

$$F(A,B,C) = \sum m_i \, (i = 0,1,\cdots,7)$$

八选一

$$Y(A_2, A_1, A_0) = \sum_{i=0}^{7} m_i D_i \, (i = 0,1,\cdots,7)$$

四选一

$$Y(A_1, A_0) = \sum_{i=0}^{3} m_i D_i \, (i = 0,1,\cdots 7)$$

比较可知，表达式中都有最小项 m_i，利用数据选择器可以实现各种组合逻辑函数。

【例 11.6】试用八选一电路实现 $F = \overline{AB}C + \overline{A}B\overline{C} + A\overline{B}C + ABC$。

解： 将 A、B、C 分别从 A_2、A_1，A_0 输入，作为输入变量，把 Y 端作为输出 F。因为逻辑表达式中的各乘积项均为最小项，所以可以改写为

$$F(A, B, C) = m_0 + m_3 + m_5 + m_7$$

根据八选一数据选择器的功能，令

$$D_0 = D_3 = D_5 = D_7 = 1$$

$$D_1 = D_2 = D_4 = D_6 = 0$$

$$S = 0$$

具体电路如图 11-21 所示。

图 11-21　例 11-6 电路图

11.3.4　加法器

算术运算是数字系统的基本功能，更是计算机中不可缺少的组成单元。本节介绍实现加法运算的逻辑电路。

1. 全加器

全加器能把本位两个加数 A_n、B_n 和来自低位的进位 C_{n-1} 三者相加，得到求和结果 S_n 和该位的进位信号 C_n。

由真值表写最小项之和，再稍加变换得：

$$S_n = \overline{A_n B_n} C_{n-1} + \overline{A_n} B_n \overline{C_{n-1}} + A_n \overline{B_n} \overline{C_{n-1}} + A_n B_n C_{n-1}$$
$$= \overline{A_n}(B_n \oplus C_{n-1}) + A_n (\overline{B_n \oplus C_{n-1}})$$
$$= A_n \oplus B_n \oplus C_{n-1}$$
$$C_n = \overline{A_n} B_n C_{n-1} + A_n \overline{B_n} C_{n-1} + A_n B_n$$
$$= (A_n \oplus B_n) C_{n-1} + A_n B_n$$

由表达式得逻辑图如图 11-22 所示，其真值表如表 11-11 所示。

图 11-22　全加器电路图及逻辑符号

表 11-11　全加器真值表

A_n　B_n　C_{n-1}	S_n　C_n
0　0　0	0　0
0　0　1	1　0
0　1　0	1　0
0　1　1	0　1
1　0　0	1　0
1　0　1	0　1
1　1　0	0　1
1　1　1	1　1

2．多位加法器

全加器可以实现两个一位二进制数的相加，要实现多位二进制数的相加，可选用多位加法器电路。74LS283 电路是一个 4 位加法器电路，可实现两个 4 位二进制数的相加，其逻辑符号如图 11-23 所示。

CI 是低位的进位，CO 是向高位的进位，$A_3\ A_2$ $A_1\ A_0$ 和 $B_3\ B_2\ B_1\ B_0$ 是两个二进制待加数，S_3、S_2、S_1、S_0 是对应各位的和。多位加法器除了可以实现加法运算功能之外，还可以实现组合逻辑电路。

图 11-23　74LS283 逻辑符号

11.3.5　数值比较器

数值比较器是能够比较数字大小的电路。

两个一位数 A 和 B 相比较的情况：

①$A > B$：只有当 $A=1$、$B=0$ 时，$A > B$ 才为真。

②$A < B$：只有当 $A=0$、$B=1$ 时，$A < B$ 才为真。

③$A = B$：只有当 $A = B = 0$ 或 $A = B = 1$ 时，$A = B$ 才为真。

真值表如表 11-12 所示。

如果要比较两个多位二进制数 A 和 B 的大小必须从高向低逐位进行比较，如果高位已经比较出大小，便可得出结论，就不用比较低位了。只有在高位相等时，才有必要去比较低位，如 4 位数值比较器 74LS85，其逻辑符号如图 11-24 所示，功能表如表 11-13 所示。

图 11-24 74LS85 的逻辑符号

表 11-12 数值比较器真值表

A	B	$Y_{A>B}$	$Y_{A<B}$	$Y_{A=B}$
0	0	0	0	1
0	1	0	1	0
1	0	1	0	0
1	1	0	0	1

表 11-13 74LS85 的功能表

输 入				级 联 输 入	输 出
A_3 B_3	A_2 B_2	A_1 B_1	A_0 B_0	$I_{A>B}$ $I_{A<B}$ $I_{A=B}$	$F_{A>B}$ $F_{A<B}$ $F_{A=B}$
1 0	×	×	×	× × ×	1 0 0
0 1	×	×	×	× × ×	0 1 0
$A_3=B_3$	1 0	×	×	× × ×	1 0 0
$A_3=B_3$	0 1	×	×	× × ×	0 1 0
$A_3=B_3$	$A_2=B_2$	1 0	×	× × ×	1 0 0
$A_3=B_3$	$A_2=B_2$	0 1	×	× × ×	0 1 0
$A_3=B_3$	$A_2=B_2$	$A_1=B_1$	1 0	× × ×	1 0 0
$A_3=B_3$	$A_2=B_2$	$A_1=B_1$	0 1	× × ×	0 1 0
$A_3=B_3$	$A_2=B_2$	$A_1=B_1$	$A_0=B_0$	1 0 0	1 0 0
$A_3=B_3$	$A_2=B_2$	$A_1=B_1$	$A_0=B_0$	0 1 0	0 1 0
$A_3=B_3$	$A_2=B_2$	$A_1=B_1$	$A_0=B_0$	0 0 1	0 0 1
$A_3=B_3$	$A_2=B_2$	$A_1=B_1$	$A_0=B_0$	× × 1	0 0 1

本章小结

①组合逻辑电路是一种应用很广的逻辑电路。本章介绍了组合逻辑电路的分析和设计方法，还介绍了几种常用的中规模（MSI）组合逻辑电路器件。

②本章总结出了采用集成门电路构成组合逻辑电路的分析和设计的一般方法，只要掌

握这些方法，就可以分析任何一种给定电路的功能，也可以根据给定的功能要求设计出相应的组合逻辑电路。

③本章介绍了编码器、译码器、数据选择器、加法器和数值比较器等 MSI 组合逻辑电路器件的功能，并讨论了利用译码器、数据选择器和加法器实现组合逻辑函数的方法。

④对于 MSI 组合逻辑电路，主要应熟悉电路的逻辑功能。了解其内部电路只是帮助理解器件的逻辑功能。只有熟悉 MSI 组合逻辑电路的功能，才能应用好电路。

⑤本章通过举例，介绍了基于功能块的 MSI 组合逻辑电路的分析方法。熟悉这种方法，对 MSI 组合逻辑电路的分析很有帮助。

习　题

1. 分析如图 11-25 所示电路的逻辑功能。
2. 分析如图 11-26 所示电路的逻辑功能。

图 11-25　题 1 图　　　　　　　　图 11-26　题 2 图

3. 设计一个组合电路，将 8421BCD 码变换为余 3 码。

4. 设计一个判奇电路。要求：3 个输入端，1 个输出端。当输入有奇数个 1 时，输出为 1，否则输出为 0，试用与非门实现电路。

5. 某产品有 A、B、C、D 四项指标，其中 A 为只要指标。产品检验标准规定：当主要指标和另两项或两项以上的指标合格时产品定为合格品，否则为废品。试用 74LS00 集成与非门设计一个判断产品为合格品的逻辑电路。

6. 某汽车驾驶员培训班进行结业考试，有 3 名评判员，其中 A 为主评判员，B 和 C 为副评判员。在评判时，按照少数服从多数的原则通过，但主评判员认为合格，亦可通过。试用与非门实现此评判规定的逻辑电路。

7. 某同学参加四门课程考试，规定如下：

（1）课程 A 及格得 1 分，不及格得 0 分。

（2）课程 B 及格得 2 分，不及格得 0 分。

（3）课程 C 及格得 4 分，不及格得 0 分。

（4）课程 D 及格得 5 分，不及格得 0 分。

若总得分 8 分（含 8 分），就可结业。试用与非门实现上述逻辑要求。

8. 设计一个电话机信号控制电路。电路有 I_0（火警）、I_1（盗警）和 I_2（日常业务）3 种输入信号，通过排队电路分别从 L_0、L_1、L_2 输出，在同一时间只能有一个信号通过。如果同时有两个以上信号出现时，应首先接通火警信号，其次为盗警信号，最后是日常业务信号。试按照上述轻重缓急设计该信号控制电路。要求用集成门电路 7400（每片含 4 个二输入端与非门）实现。

9. 设计 3 人表决电路（A、B、C）。每人一个按键，如果同意则按下，不同意则不按。结果用指示灯表示，多数同意时指示灯亮，否则不亮。

10. 设计一个译码电路，输入为 4 位二进制代码 $X = A_3A_2A_1A_0$，要求 $3 \leqslant X < 7$ 和 $X > 12$ 时输出为 1，其他情况输出为 0。

11. 译码器实现下列逻辑函数，画出连线图。

（1）$Y_1 = \sum m(3, 4, 5, 6)$。

（2）$Y_2 = \sum m(1, 3, 5, 9, 11)$。

（3）$Y_3 = \sum m(2, 6, 9, 12, 13, 14)$。

12. 试用 74LS151 数据选择器实现逻辑函数。

（1）$Y(A, B, C) = \sum m(1, 3, 5, 7)$

（2）$Y = \overline{A}\,\overline{B}C + \overline{A}BC + AB\overline{C} + ABC$

第 12 章 时序逻辑电路

本章主要介绍时序逻辑电路，触发器是构成时序逻辑电路的基本单元，本章首先介绍了几类触发器，然后介绍了寄存器、计数器等常用的时序逻辑电路。

本章要点

- ◆ 时序逻辑电路的定义及特点；
- ◆ 集成触发器；
- ◆ 寄存器；
- ◆ 计数器；
- ◆ 时序逻辑电路的分析设计。

组合逻辑电路中，任意时刻的输出信号仅仅取决于当时的输入信号，这是组合逻辑电路的共同特点。本章要介绍的另一类逻辑电路中，任意时刻的输出信号不但取决于当时的信号，而且还取决于电路原来的状态，或者说，还与以前的输入有关，把具备这种逻辑功能特点的电路叫时序逻辑电路（简称时序电路），其结构框图如图 12-1 所示。

图 12-1　时序逻辑电路的结构框图

时序逻辑电路是由存储电路（主要是触发器，必不可少）和组合逻辑电路（可选）构成。时序逻辑电路的状态是由存储电路来记忆和表示的。

按各触发器接受时钟信号的不同，时序逻辑电路分为：同步时序电路，特点是各触发器状态的变化都在同一时钟信号作用下同时发生；异步时序电路，特点是各触发器状态的变化不是同步发生的，可能有一部分电路有公共的时钟信号，也可能完全没有公共的时钟信号。

12.1　集成触发器

在数字电路中不但需要对二进制信号进行算术运算和逻辑运算，而且还经常需要将这些信号和运算结果暂时保存起来。为此，需要使用具有记忆功能的基本逻辑单元。把能够存储一位二进制信号的基本电路叫触发器，又称双稳态触发器。

触发器是构成时序逻辑电路的基本单元电路。触发器具有记忆功能，能存储一位二进制数码。触发器有三个基本特性：

①有两个稳态，可分别表示二进制数码 0 和 1，无外触发时可维持稳态。

②外触发下，两个稳态可相互转换（称翻转）。

③有两个互补输出端。

触发器的种类很多，按逻辑功能不同分为 RS 触发器、D 触发器、JK 触发器、T 触发器和 T' 触发器等；按触发方式不同分为电平触发器、边沿触发器和主从触发器等；按电路结构不同分为基本 RS 触发器、同步触发器、维持阻塞触发器、主从触发器和边沿触发器等。以下按触发器的逻辑功能分别介绍几种常用的触发器。

12.1.1　基本 RS 触发器

与非门实现的基本 RS 触发器。基本 RS 触发器是各种触发器中电路结构最简单的一种，同时，也是其他复杂触发器电路的一个组成部分。

1. 电路组成及逻辑符号

基本 RS 触发器可由两个与非门交叉而组成。图 12-2（a）（b）分别是它的电路组成和逻辑符号。Q 和 $\overline{Q}$ 称为输出端，并且定义 $Q=1$、$\overline{Q}=0$ 为触发器的"1"状态，$Q=0$、$\overline{Q}=1$ 为触发器的"0"状态。这两种稳定状态，说明在正常情况下 Q 和 $\overline{Q}$ 端保持相反。$\overline{R}$ 为置 0 端（或复位端），$\overline{S}$ 为置 1 端（或置位端）。非号"-"：表示低电平有效。

（a）电路组成　　（b）逻辑符号

图 12-2　基本 RS 触发器

2. 功能分析

当 $\overline{S}=1$，$\overline{R}=0$ 时，$Q=0$、$\overline{Q}=1$，触发器处于 0 状态，这种情况称为触发器置 0 或复位。

当 $\overline{S}=0$，$\overline{R}=1$ 时，$Q=1$、$\overline{Q}=0$，触发器处于 1 状态，这种情况称为触发器置 1 或置位。

当 $\overline{S}=\overline{R}=1$ 时，各自的输出状态保持不变，即说明触发器有记忆功能。

当 $\overline{S}=\overline{R}=0$ 时，显然 $Q=\overline{Q}=1$，这既不是定义的 1 状态，也不是定义的 0 状态，并且与触发器的两个输出端应该相反的要求矛盾，而且同时去除输入信号，无法判定触发器恢复为"0"状态还是"1"状态，故叫作不定状态。在实际使用中，应避免这种状态发生。因此在正常工作时，输入信号应遵守约束条件 $\overline{S}+\overline{R}=1$，即不允许输入 $\overline{S}=\overline{R}=0$ 的信号。

把以上所讲的逻辑关系列成表 12-1 所示功能表。

表 12-1 与非门组成的基本 RS 触发器的功能表

$\overline{S}$ $\overline{R}$	Q^n	Q^{n+1}	状态（功能）
1 1	Q^n	$\overline{Q^n}$	保持
1 0	0	1	置 0
0 1	1	0	置 1
0 0	1	1	不定

3. 状态转换表（特性表）

现态：指触发器输入信号变化前的状态，用 Q^n 表示。

次态：指触发器输入信号变化后的状态，用 Q^{n+1} 表示。

特性表：次态 Q^{n+1} 与输入信号和现态 Q^n 之间关系的转换表，如表 12-2 所示。

表 12-2 与非门组成的基本 RS 触发器的状态转换表

$\overline{R}$ $\overline{S}$	Q^n	Q^{n+1}	状态（功能）
0 0	0	×	不定
0 0	1	×	
0 1	0	0	置 0
0 1	1	0	
1 0	0	1	置 1
1 0	1	1	
1 1	0	0	保持
1 1	1	1	

4. 基本 RS 触发器的时序图（设初态为 0）

图 12-3 为基本 RS 触发器时序图通常用虚线或阴影表示触发器处于不定状态。

图 12-3 基本 RS 触发器的时序图

触发器的不定状态有两种含义：$Q = \overline{Q} = 1$ 时，触发器既不是 0 状态，也不是 1 状态；、R、S 同时从 0 回到 1 时，触发器的新状态不能预先确定。

5. 特性方程

如果将表 12-1 给出的特性表示为逻辑函数，则可得到特性方程

$$Q^{n+1} = \bar{S} + \bar{R}Q^n \quad (约束条件：\bar{S} + \bar{R} = 1)$$

由上述可得出结论：基本 RS 触发器有两个稳定状态。可以通过输入控制使触发器从一种稳定状态翻转到另一种稳定状态，并且可以保留到外加控制信号作用过后，即当时，电路能保持其输出状态不变，这就是触发器具有的记忆功能。

12.1.2　同步 RS 触发器

基本 RS 触发器的触发方式（动作特点）是逻辑电平直接触发即输入信号直接控制。在实际工作中，要求触发器按统一的节拍进行状态更新。同步触发器（时钟触发器或钟控触发器）便是具有时钟脉冲 CP 控制的触发器。该触发器状态的改变与时钟脉冲同步。CP 是控制时序电路工作节奏的固定频率的脉冲信号，一般是矩形波。同步触发器的状态更新时刻受 CP 输入控制。触发器更新为何种状态由触发输入信号决定。

1. 电路组成及逻辑符号

同步 RS 触发器的电路组成及逻辑符号如图 12-4 所示。

2. 功能分析

在 $CP = 0$ 期间，G_3、G_4 被封锁，触发器状态不变。

在 $CP = 1$ 期间，由 R 和 S 端信号决定触发器的输出状态。

图 12-4　同步 RS 触发器

结论：触发器的动作时间是由时钟脉冲 CP 控制的。只有 $CP = 1$ 时（高电平有效），触发器的状态才由输入信号 R 和 S 来决定。

类似于基本 RS 触发器的分析，得到关于同步 RS 触发器的功能表，如表 12-3 所示。

表 12-3　同步 RS 触发器功能表

S　R	Q^n	Q^{n+1}	状态（功能）
0　0	Q^n	$\overline{Q^n}$	保持
0　1	0	1	置 0
1　0	1	0	置 1
1　1	1	1	不定

3. 工作波形

又称为时序图，设初态为 0，如图 12-5 所示。

图 12-5　同步 RS 触发器的时序图

4. 特性方程

描述触发器逻辑功能的逻辑函数表达式称为特性方程。

由同步 RS 触发器的功能表可得其特性方程

$$Q^{n+1} = S + \overline{R}Q^n$$

（约束条件：$RS = 0$）

12.1.3　JK 触发器

JK 触发器是一种多功能触发器，在实际中应用很广。JK 触发器是在 RS 触发器基础上改进而来，在使用中没有约束条件。

1. 电路组成及逻辑符号

JK 触发器的电路组成和逻辑符号如图 12-6 所示。

（a）电路组成　　　（b）下降沿触发（c）上升沿触发

图 12-6　JK 触发器的电路组成和逻辑符号

2. 功能分析

当 $CP = 0$ 时，G_3 和 G_4 被封锁，都输出 1，触发器保持原状态不变。

当 $CP = 1$ 时，G_3 和 G_4 解除封锁，输入 J、K 端的信号可控制触发器的状态。

①当 $J = K = 0$ 时，G_3 和 G_4 都输出 1，触发器保持原状态不变，即 $Q^{n+1} = Q^n$。

②当 $J = 1$、$K = 0$ 时：

a. 如触发器为 $Q^n = 0$、$\overline{Q}^n = 1$ 的 0 状态，则在 $CP = 1$ 时，G_3 输入全 1，输出 0，G_1 输出 $Q^{n+1} = 1$。由于 $K = 0$，G_4 输出 1，这时 G_2 输入全 1，输出 $\overline{Q}^{n+1} = 0$。触发器翻转到 1 状态，即 $Q^{n+1} = 1$。

b. 触发器为 $Q^n = 1$、$\overline{Q}^n = 0$ 的 1 状态，在 $CP = 1$ 时，G_3 和 G_4 的输入分别是和 $K = 0$，这两个门都输出 1，触发器保持原状态不变，即 $Q^{n+1} = Q^n$。

可见当 $J = 1$、$K = 0$ 时，不论触发器原来处于什么状态，则在 CP 由 0 变为 1 后，触发器翻到和 J 相同的状态。

③当 $J = 0$、$K = 1$ 时，用同样的分析方法可知，在 CP 由 0 变为 1 后，触发器翻到 0 状态，即翻到和 J 相同的 0 状态。

④当 $J = 1$、$K = 1$ 时，在 CP 由 0 变为 1 后，触发器的状态由 Q 和 $\overline{Q}$ 端的反馈信号决定。用上述分析方法可以看到，每输入一个时钟脉冲，触发器的状态变化一次，电路处于计数状态，这时 $Q^{n+1} = \overline{Q}^n$。

根据上述分析过程，可以得到如表 12-4 所示的 JK 触发器功能表。

表 12-4　JK 触发器功能表

J　K	Q^{n+1}	功　能
0　0	Q^n	保持
0　1	0	置 0
1　0	1	置 1
1　1	$\overline{Q}^n$	翻转（计数）

3. 状态转换表

通过功能分析可以得到 JK 触发器的状态转换表如表 12-5 所示。

表 12-5　JK 触发器状态转换表

J　K	Q^n	Q^{n+1}
0　0	0	0
0　0	1	1
1　×	0	0
0　1	1	0
1　0	0	1
1　0	1	1
1　×	0	1
1　1	1	0

4. 特性方程

由 JK 触发器的功能表，得到 JK 触发器的特性方程为

$$Q^{n+1} = J\overline{Q^n} + \overline{K}Q^n (CP = 1期间有效)$$

并可相应地画出其状态图。

5. 状态转换图

JK 触发器的状态转换图如图 12-7 所示。

6. 时序图

以 CP 下降沿触发的 JK 触发器为例，如图 12-8 所示。

图 12-7　JK 触发器的状态转换图

图 12-8　JK 触发器的时序图

说明：在 CP 的下降沿更新状态，次态由 CP 下降沿到来之前的 J、K 输入信号决定。

12.1.4　T 触发器

在某些应用场合，需要这样一种逻辑功能的触发器：当控制信号 $T = 1$ 时，每来一个 CP 信号的状态就翻转一次；而当 $T = 0$ 时，触发器的状态保持不变。我们把具有这种逻辑功能的触发器叫 T 触发器。

1. T 触发器的功能表和状态转换表

T 触发器的功能表和状态转换表分别如表 12-6 和 12-7 所示。

表 12-6　T 触发器的功能表

T	Q^{n+1}	功　能
0	Q^n	保持
1	$\overline{Q^n}$	计数

表 12-7　T 触发器的状态转换表

T	Q^n	Q^{n+1}
0	0	0
0	1	1
1	0	1
1	1	0

2．特性方程

$$Q^{n+1} = T\overline{Q}^n + \overline{T}Q^n$$

3．状态转换图

T 触发器的状态转换图如图 12-9 所示。如将 JK 触发器的两个输入端 J 和 K 连在一起作为 T 端，就可以得到 T 触发器了，如图 12-10 所示。正因如此，在触发器的定型产品中极少生产专门的 T 触发器。

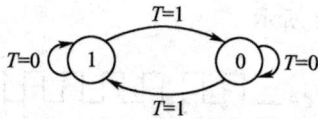

图 12-9　T 触发器的状态转换图　　**图 12-10　JK 触发器接成 T 触发器**

12.1.5　D 触发器

1．状态转换表

D 触发器的状态转换表如表 12-8 所示。

表 12-8　D 触发器的状态转换表

D	Q^n	Q^{n+1}
0	0	0
0	1	0
1	0	1
1	1	1

2．特性方程

$$Q^{n+1} = D$$

3．状态转换图

D 触发器的状态转换图如图 12-11 所示。

图 12-11　D 触发器的状态转换图

12.2　寄存器

在数字设备系统中，经常需要将一组二进制代码暂时储存起来，等待处理或应用，实现这种功能的逻辑电路称为寄存器。寄存器具有清除、接收、记忆和传递数码的功能。一个触发器可以存储一位二进制代码，所以一个触发器组成的寄存器可以存储位二进制。

寄存器通常分为两大类：基本寄存器和移位存储器。

12.2.1　基本存储器

基本寄存器具有接收、存放、输出和清除数码的功能。在接收指令（在计算机中称为写指令）控制下，将数据送入寄存器存放；需要时可在输出指令（读出指令）控制下，将数据由寄存器输出。

由 D 触发器构成的数码寄存器的电路组成和工作原理。

1. 电路组成

由 D 触发器构成的单拍工作方式的数码寄存器，如图 12-12 所示。

图 12-12　单拍工作方式的数码寄存器

2. 工作原理

当 CP 上升沿到来时，触发器更新状态，$Q_3Q_2Q_1Q_0 = D_3D_2D_1D_0$，即接收输入数码并保存。

单拍工作方式：不需清除原有数据，只要 CP 上升沿一到达，新的数据就会存入。

常用 4D 型触发器 74LS175、6D 型触发器 74LS174、8D 型触发器 74LS374 或 MSI 器件等实现。

如果要把一个 4 位二进制 1100 寄存到寄存器，可将 1100 数码分别并行加到 4 个寄存器对应的 D 输入端。当接收命令脉冲到达时，寄存器中的 4 个触发器的状态就变成了 1100，在此之后，只要不输入清零脉冲或接收新的数码，寄存器就会一直保持这个状态。如要从寄存器中取出寄存的数码，从各触发器的 Q 端就可以并行得到。

12.2.2　移位寄存器

移位寄存器除了具有存储数据的功能，还具有移位功能。所谓移位功能，就是寄存器所储存的数据能够在移位脉冲作用下依次左移或右移。移位寄存器广泛地应用于数字电路之间的数据缓冲、数据延迟和数据传送方式的变换。它由一组触发器构成，其中每位触发器的输出与下一位的输入相连接，所有触发器共用一个时钟，同步工作。移位寄存器又分为单向移位寄存器和双向移位寄存器。

1. 单向移位寄存器

单向移位寄存器，是指仅具有左移功能或右移功能的移位寄存器。

（1）右移位寄存器

①电路组成，如图 12-13 所示。

图 12-13　4 位右移位寄存器

②工作过程：将数码 1101 右移串行输入给寄存器（串行输入是指逐位依次输入）。在接收数码前，从输入端输入一个负脉冲把各触发器置为 0 状态（称为清零）。

③状态表，如表 12-9 所示。

④时序图，如图 12-14 所示。

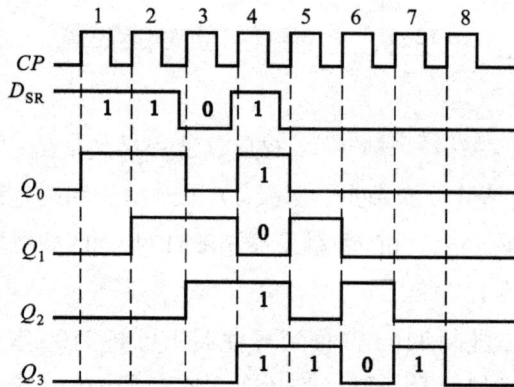

图 12-14　4 位右移位寄存器时序图

表 12-9　4 位右移位寄存器的状态表

CP 顺序	输入 D_{SR}	输出 Q_0	Q_1	Q_2	Q_3
0	1	0	0	0	0
1	1	1	0	0	0
2	0	1	1	0	0
3	1	0	1	1	0
4	0	1	0	1	1
5	0	0	1	0	1
6	0	0	0	1	0
7	0	0	0	0	1
8	0	0	0	0	0

（2）左移位寄存器

①电路组成，如图 12-15 所示。

图 12-15　4 位左移位寄存器

②工作过程；将数码 1011 左移串行输入给寄存器。在接收数码前清零。

③状态表，如表 12-10 所示。

④时序图，如图 12-16 所示。

图 12-16　4 位左移位寄存器时序图

表 12-10　4 位左移位寄存器的状态表

CP 顺序	输入 D_{SR}	输出 Q_0	Q_1	Q_2	Q_3
0	1	0	0	0	0
1	0	0	0	0	1
2	1	0	0	1	0
3	1	0	1	0	1
4	0	1	0	1	1
5	0	0	1	1	0
6	0	1	1	0	0
7	0	1	0	0	0
8	0	0	0	0	0

2. 集成双向移位寄存器

在单向移位寄存器的基础上，增加由门电路组成的控制电路实现。74LS194 为 4 位双向移位寄存器。图 12-17 为 74LS194 的外引脚图和逻辑符号，表 12-11 为 74LS194 的功能表。与 74LS194 的逻辑功能和外引脚排列都兼容的芯片有 CC40194、CC4022 和 74198 等。

图 12-17 双向移位寄存器 74LS194

图 12-17 中 $\overline{CR}$ 为异步置 0 端，M_1、M_0 为工作方式控制端，$D_0 \sim D_3$ 为并行数码输入端，$Q_0 \sim Q_3$ 为并行数码输出端，D_{SR} 为右移串行数码输入端，D_{SL} 为左移串行数码输入端，CP 为移位脉冲输入端。通过分析其功能表发现清零功能最优先（异步方式），计数、移位、并行输入都需 CP 脉冲的上升沿到来（同步方式）。

表 12-11　74LS194 功能表

输　　入										输　　出				说　　明
$\overline{CR}$	M_1	M_0	CP	D_{SL}	D_{SR}	D_0	D_1	D_2	D_3	Q_0	Q_1	Q_2	Q_3	
0	×	×	×	×	×	×	×	×	×	0	0	0	0	异步置零
1	×	×	0	×	×	×	×	×	×	保　持				保　持
1	0	0	×	×	×	×	×	×	×	保　持				保　持
1	0	1	↑	×	1	×	×	×	×	1	Q_0	Q_1	Q_2	右移输入 1
1	0	1	↑	×	0	×	×	×	×	0	Q_0	Q_1	Q_2	右移输入 0
1	1	0	↑	1	×	×	×	×	×	Q_1	Q_2	Q_3	1	左移输入 1
1	1	0	↑	0	×	×	×	×	×	Q_1	Q_2	Q_3	0	左移输入 0
1	1	1	↑	×	×	d0	d1	d2	d3	d0	d1	d2	d3	并行置数

12.3　计数器

12.3.1　计数器的功能和分类

计数器：用以统计输入时钟脉冲 CP 个数的电路。计数器可以分为以下几类。

1．按计数进制分

①二进制计数器：按二进制数运算规律进行计数的电路称作二进制计数器。

②十进制计数器：按十进制数运算规律进行计数的电路称作十进制计数器。

③任意进制计数器：二进制计数器和十进制计数器之外的其他进制计数器统称为任意进制计数器。

二进制计数器是结构最简单的计数器，但应用范围很广。

2．按数字的变化规律

①加法计数器：随着计数脉冲的输入作递增计数的电路称作加法计数器。

②减法计数器：随着计数脉冲的输入作递减计数的电路称作减法计数器。

③加/减计数器：在加/减控制信号作用下，可递增计数，也可递减计数的电路，称作加/减计数器，又称可逆计数器。

也有特殊情况，不作加/减，其状态可在外触发控制下循环进行特殊跳转，状态转换图中构成封闭的计数环。

3．按计数器中触发器翻转是否同步分

①异步计数器：计数脉冲只加到部分触发器的时钟脉冲输入端上，而其他触发器的触发信号则由电路内部提供，应翻转的触发器状态更新有先有后的计数器，称作异步计数器。

②同步计数器：计数脉冲同时加到所有触发器的时钟信号输入端，使应翻转的触发器同时翻转的计数器，称作同步计数器。

12.3.2 异步二进制计数器

异步计数器的计数脉冲没有加到所有触发器的 CP 端。当计数脉冲到来时，各触发器的翻转时刻不同。分析时，要特别注意各触发器翻转所对应的有效时钟条件。

异步二进制计数器是计数器中最基本最简单的电路，它一般由接成计数型的触发器连接而成，计数脉冲加到最低位触发器的 CP 端，低位触发器的输出 Q 作为相邻高位触发器的时钟脉冲。

1．异步二进制加法计数器

异步二进制加法计数器必须满足二进制加法原则：逢二进一（1+1=10，即 Q 由 1→0 时有进位）。组成二进制加法计数器时，各触发器应当满足：每输入一个计数脉冲，触发器应当翻转一次（即用 T' 触发器）；当低位触发器由 1 变为 0 时，应输出一个进位信号加到相邻高位触发器的计数输入端。

JK 触发器构成的 3 位异步二进制加法计数器（用 CP 脉冲下降沿触发）

（1）电路组成

如图 12-18 所示。

图 12-18 3 位异步二进制加法计数器

（2）工作原理

FF_0： $Q_0^{n+1} = \overline{Q_0^n}$（$CP$下降沿触发）。

FF_1： $Q_1^{n+1} = \overline{Q_1^n}$（$Q_0$下降沿触发）。

FF_2： $Q_2^{n+1} = \overline{Q_2^n}$（$Q_1$下降沿触发）。

（3）计数器的状态转换表

3位异步二进制加法计数器状态转换表如表12-12所示。

表12-12　3位二进制加法计数器状态转换表

CP顺序	Q_2	Q_1	Q_0	等效十进制数
0	0	0	0	0
1	0	0	1	1
2	0	1	0	2
3	0	1	1	3
4	1	0	0	4
5	1	0	1	5
6	1	1	0	6
7	1	1	1	7
8	0	0	0	0

（4）时序图

3位异步二进制加法计数器时序图如图12-19所示。

（5）状态转换图

3位异步二进制加法计数器的状态转换图如图12-20所示。

图12-19　3位异步二进制加法计数器的时序图　图12-20　3位异步二进制加法计数器的状态转换图

说明：圆圈内表示$Q_2Q_1Q_0$的状态，用箭头表示状态转换的方向。

（6）结论：

如果计数器从000状态开始计数，在第八个计数脉冲输入后，计数器又重新回到000状态，完成了一次计数循环。所以该计数器是八进制加法计数器或称为模8加法计数器。

如果计数脉冲CP的频率为f_0，那么Q_0输出波形的频率为$\frac{1}{2}f_0$，Q_1输出波形的频率为$\frac{1}{4}f_0$，Q_2输出波形的频率为$\frac{1}{8}f_0$。这说明计数器除具有计数功能外，还具有分频的功能。

2. 异步二进制减法计数器

异步二进制减法计数器必须满足二进制数的减法运算规则：0-1 不够减，应向相邻高位借位，即 10-1＝1。组成二进制减法计数器时，各触发器应当满足两个条件：每输入一个计数脉冲，触发器应当翻转一次（即用 T' 触发器）；当低位触发器由 0 变为 1 时，应输出一个借位信号加到相邻高位触发器的计数输入端。

JK 触发器组成的 3 位异步二进制减法计数器，用 CP 脉冲下降沿触发。其逻辑图和时序图如图 12-21 所示，状态表和状态转换图分别如表 12-13 和图 12-22 所示。

图 12-21　3 位异步二进制减法计数器

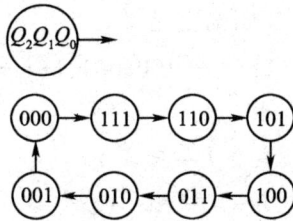

图 12-22　3 位异步二进制减法计数器的状态转换图

表 12-13　3 位二进制减法计数器状态表

CP 顺序	Q_2	Q_1	Q_0	等效十进制数
0	0	0	0	0
1	1	1	1	7
2	1	1	0	6
3	1	0	1	5
4	1	0	0	4
5	0	1	1	3
6	0	1	0	2
7	0	0	1	1
8	0	0	0	0

说明： 圆圈内表示 $Q_2Q_1Q_0$ 的状态，用箭头表示状态转换的方向。

异步二进制计数器的构成方法可以归纳为：

① N 位异步二进制计数器由 N 个计数型触发器组成。

② 若采用下降沿触发的触发器，加法计数器的进位信号从 Q 端引出，减法计数器的借位信号从 Q 端引出；若采用上升沿触发的触发器，加法计数器的进位信号从 Q 端引出，减

法计数器的借位信号从 Q 端引出。N 位二进制计数器可以计 2^N 个数，所以又可称为 2^N 进制计数器。

异步二进制计数器的优点：电路较为简单。缺点：进位（或借位）信号是逐级传送的，工作频率不能太高；状态逐级翻转，存在中间过渡状态。

12.3.3 同步二进制计数器

同步计数器中，各触发器的翻转与时钟脉冲同步。同步计数器的工作速度较快，工作频率也较高。

1. 同步二进制加法计数器

①设计思想：a. 所有触发器的时钟控制端均由计数脉冲 CP 输入，CP 的每一个触发沿都会使所有的触发器状态更新；b. 应控制触发器的输入端，可将触发器接成 T 触发器。

当低位不向高位进位时，令高位触发器的 $T=0$，触发器状态保持不变；

当低位向高位进位时，令高位触发器的 $T=1$，触发器翻转，计数加 1。

②当低位全 1 时再加 1，则低位向高位进位。

$$1+1 = 1 \quad 11+1 = 100 \quad 111+1 = 1000\cdots$$

可得到 T 的表达式为

$$T_0 = J_0 = K_0 = 1$$
$$T_1 = J_1 = K_1 = Q_0$$
$$T_2 = J_2 = K_2 = Q_1 Q_0$$
$$T_3 = J_3 = K_3 = Q_2 Q_1 Q_0$$

③根据以上设计思路和设计要求用 JK 触发器得到如图 12-23 所示 4 位二进制加法计数器的电路图，其状态表和时序图分别如表 12-14 和图 12-24 所示。

图 12-23　4 位二进制加法计数器的电路图

表 12-14　4 位二进制加法计数器的状态表

顺　序	Q_3	Q_1	Q_0	
0	0	0	0	0
1	0	0	0	1
2	0	0	1	0
3	0	0	1	1
4	0	1	0	0
5	0	1	0	1
6	0	1	1	0
7	0	1	1	1
8	1	0	0	0
9	1	0	0	1
10	1	0	1	0
11	1	0	1	1
12	1	1	0	0
13	1	1	0	1
14	1	1	1	0
15	1	1	1	1
16	0	0	0	0

图 12-24　4 位同步二进制加法计数器的时序图

2．同步二进制减法计数器

①设计思想：a. 所有触发器的时钟控制端均由计数脉冲 CP 输入，CP 的每一个触发沿都会使所有的触发器状态更新；b. 应控制触发器的输入端，可将触发器接成 T 触发器。

当低位不向高位借位时，令高位触发器的 $T=0$，触发器状态保持不变；

当低位向高位借位时，令高位触发器的 $T=1$，触发器翻转，计数减 1。

②触发器的翻转条件是：当低位触发器的 Q 端全 1 时再减 1，则低位向高位借位。

同步二进制减法计数器的状态转换表读者可以自行画出。

12.3.4　任意进制计数器

任意进制计数器是指计数器的模 N 不等于 2n 的计数器。

1．异步计数器

在异步二进制计数器的基础上，通过脉冲反馈或阻塞反馈来实现。

脉冲反馈式（以十进制计数器为例来分析）

①设计思想：通过反馈线和门电路来控制二进制计数器中各触发器的 RD 端，以消去多余状态（无效状态）构成任意进制计数器。

②实现 10 进制计数器的工作原理：4 位二进制加法计数器从 0000 到 1001 计数。当第 10 个计数脉冲 CP 到来后，计数器变为 1010 状态瞬间，要求计数器返回到 0000。可令 $\overline{R_D} = \overline{Q_1}\overline{Q_3}$，当 1010 状态时，$\overline{Q_1}\overline{Q_3}$ 同时为 1，$R_D = 0$，使各触发器置当 0。当计数器变为 0000 状态后，R_D 又迅速由 0 变为 1 状态，清零信号消失，可以重新开始计数。

显然，1010 状态存在的时间极短（通常只有 10ns 左右），可以认为实际出现的计数状态只有 0000 ~ 1001，所以该电路实现了十进制计数功能。

③状态转换表，如表 12-15 所示。

表 12-15　十进制加法计数器的状态表

CP 顺序	Q_3 Q_2 Q_1 Q_0	等效十进制数
0	0　0　0　0	0
1	0　0　0　1	1
2	0　0　1　0	2
3	0　0　1　1	3
4	0　1　0　0	4
5	0　1　0　1	5
6	0　1　1　0	6
7	0　1　1　1	7
8	1　0　0　0	8
9	1　0　0　1	9
10	0　0　0　0	0

④状态转换图，如图 12-25 所示。

⑤逻辑电路图，如图 12-26 所示。

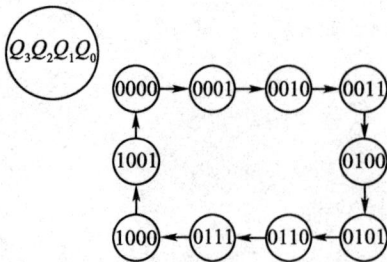

图 12-25　十进制加法计数器状态转换图　　图 12-26　异步十进制加法计数器逻辑电路图

（6）时序图，如图 12-27 所示。

图 12-27 异步十进制加法计数器时序图

2．同步计数器

下面介绍同步计数器的分析方法。

计数器的分析：根据给定的逻辑电路图，分析计数器状态和它的输出在输入信号和时钟信号作用下的变化规律。

分析步骤：

①写出驱动方程和输出方程。

②将驱动方程代入触发器的特性方程，求出电路的状态方程（ Q^{n+1} 表达式）。

③画出相应的 Q^{n+1} 卡诺图，然后画计数器的状态卡诺图。

④列计数器的状态转换表，并画状态转换图和时序图。

⑤说明计数器的逻辑功能。

【例 12.1】试分析图 12-28 所示计数器的逻辑功能。

图 12-28 同步计数器电路图

解：

①根据给定的逻辑图写出驱动方程和输出方程

$$J_0 = \overline{Q_1^n Q_2^n} \qquad\qquad K_0 = 1$$

$$J_1 = Q_0^n \qquad\qquad\qquad K_1 = \overline{\overline{Q_0^n Q_2^n}}$$

$$J_2 = Q_0^n Q_1^n \qquad\qquad K_2 = Q_1^n$$

$$Y = Q_1^n Q_2^n$$

②将驱动方程代入 JK 触发器的特性

$$Q_0^{n+1} = \overline{Q_1^n Q_2^n} \cdot \overline{Q_0^n}$$

$$Q_1^{n+1} = Q_0^n \overline{Q_1^n} + \overline{Q_0^n} Q_1^n \overline{Q_2^n}$$

$$Q_2^{n+1} = Q_0^n Q_1^n \overline{Q_2^n} + \overline{Q_1^n} Q_2^n$$

③填 Q^{n+1} 卡诺图及计数器的状态卡诺图，如图 12-29 所示。

(a) Q_2^{n+1} 卡诺图　　(b) Q_1^{n+1} 卡诺图

(c) Q_0^{n+1} 卡诺图　　(d) 计数器的状态卡诺图

图 12-29　计数器的状态卡诺图

④列出状态转换表，如表 12-16。

表 12-16　例 12.1 电路的状态转换表

Q_3^n Q_2^n Q_1^n	Q_2^{n+1} Q_1^{n+1} Q_0^{n+1}	Y
0　0　0	0　0　1	0
0　0　1	0　1　0	0
0　1　0	0　1　1	0
0　1　1	1　0　0	0
1　0　0	1　0　1	0
1　0　1	1　1　0	0
1　1　0	0　0　0	1
1　1　1	0　0　0	1
0　0　0	0　0　1	0

⑤画状态转换图，如图 12-30 所示。

⑥检查自启动。自启动是指若计数器由于某种原因进入无效状态后，在连续时钟脉冲作用下，能自动从无效状态进入有效计数状态。由状态转换图可以看到 7 个有效状态构成

计数环。111 虽然是个无效状态但只要连续的输入脉冲就能够回到有效状态，所以这个电路能够实现自启动。

⑦画时序图（即工作波形图），如图 12-31 所示。

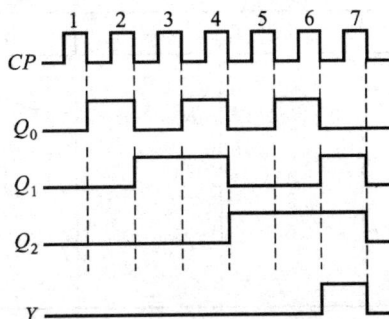

图 12-30 例 12.1 电路的状态转换图   图 12-31 例 12.1 电路的时序图

⑧说明计数器的逻辑功能。图 12-28 所示计数器是一个同步七进制加法计数器，Y 为进位脉冲，能够自启动。需要说明的是，对于一些简单的时序逻辑电路，可能分析过程不遵循上述步骤就可以画出状态图，或者直接确定电路的逻辑功能。但是对于复杂的时序逻辑电路，必须遵守上述步骤，才能达到分析时序逻辑电路的目的。

12.3.5 中规模集成计数器及其应用

中规模集成计数器一般用 4 个集成触发器和若干门电路，经内部连接用工艺的方法集成在一块硅片上，它是计数功能比较完善，并能十分容易地进行功能扩展的逻辑器件。下面以异步二 - 五 - 十进制计数器 74LS290 来说明集成计数器的功能和应用。

1. 74LS290 的外引脚图、逻辑符号图及逻辑功能

图 12-32 是 74LS290 的外引脚图和逻辑符号图，表 12-17 为 74LS290 的功能表。

图 12-32 74LS290 二 - 五 - 十进制计数器

表 12-17 74LS290 的功能表

R_{0A} R_{0B}	S_{9A} S_{9B}	CP_0	CP_1	顺 序	Q_3 Q_2 Q_1	Q_0	功 能
1	0	×	×	-	0 0 0	0	异步置 0
×	1	×	×	-	1 0 0	1	异步置 9
0	0	↓	↓	0	0 0 0	0	二 - 五 - 十进制计数
				1	0 0 1	1	
				2	0 1 0	0	
				3	0 1 1		
				4	1 0 0		
				5	0 0 0		

2. 基本工作方式

①二进制计数器：将计数脉冲由 CP_0 输入，由 Q_0 输出，其逻辑符号和功能表如图 12-33（a）和表 12-18 所示。

表 12-18 74LS290 二进制功能表

计数顺序	计数器状态
CP_0	Q_0
0	0
1	1
2	0

图 12-33 二进制计数器逻辑符号

②五进制计数器：将计数脉冲由 CP_1 输入，由 Q_3、Q_2、Q_1 输出，其逻辑符号和功能表如图 12-34 和表 12-19 所示。

表 12-19 74LS290 五进制计数器功能表

计数顺序	计数器状态
CP_1	Q_3 Q_2 Q_1
0	0 0 0
1	0 0 1
2	0 1 0
3	0 1 1
4	1 0 0
5	0 0 0

图 12-34 五进制计数器

③8421BCD 码十进制计数器：将 Q_0 与 CP_1 相连，计数脉冲 CP 由 CP_0 输入，其逻辑符号和功能表如图 12-35 和表 12-20 所示。

表 12-20 74LS290 十进制计数器功能表

计数顺序	计数器状态			
CP_0	Q_3	Q_2	Q_1	Q_0
0	0	0	0	0
1	0	0	0	1
2	0	0	1	0
3	0	0	1	1
4	0	1	0	0
5	0	1	0	1
6	0	1	1	0
7	0	1	1	1
8	1	0	0	0
9	1	0	0	1
10	0	0	0	0

图 12-35 8421BCD 码十进制计数器

3．应用举例

（1）利用脉冲反馈法获得 N 进制计数器

用 S_0，S_1，S_2，$\cdots$，S_N 表示输入 0，1，2，$\cdots$，N 个计数脉冲 CP 时计数器的状态。N 进制计数器的计数工作状态应为 N 个：S_0，S_1，S_2，$\cdots$，S_{N-1}。在输入第 N 个计数脉冲 CP 后，通过控制电路，利用状态 S_N 产生一个有效置零信号，送给异步置零端，使计数器立刻置零，即实现了 N 进制计数。

（ⅰ）构成七进制计数器

先构成 8421BCD 码的十进制计数器，再用脉冲反馈法，令 $R_{0B} = Q_2Q_1Q_0$ 实现。

当计数器出现 0111 状态时，计数器迅速复位到 0000 状态，然后又开始从 0000 状态计数，从而实现 0000 ~ 0110 七进制计数，如图 12-36（a）所示。

（ⅱ）构成六进制计数器

先构成 8421BCD 码的十进制计数器，再用脉冲反馈法，令 $R_{0A} = Q_2$、$R_{0B} = Q_1$。当计数器出现 0110 状态时，计数器迅速复位到 0000 状态，然后又开始从 0000 状态计数，从而实现 0000 ~ 0101 六进制计数，如图 12-36（b）所示。

图 12-36 计数器

（2）构成大容量计数器

①先用级联法：计数器的级联是将多个集成计数器（如 M_1 进制、M_2 进制）串接起来，以获得计数容量更大的 $N(= M_1 \times M_2)$ 进制计数器。一般集成计数器都设有级联用的输入端和输出端。异步计数器实现的方法：低位的进位信号→高位的 CP 端。

②再用脉冲反馈法。

【例 12.2】利用两片 74LS290 构成二十三进制加法计数器。

解：先将两片接成 8421BCD 码十进制的 CT74LS290 级联组成 $10 \times 10 = 100$ 进制异步加法计数器。再将状态"0010 0011"通过反馈与门输出至异步置零端，从而实现二十三进制计数器，如图 12-37 所示。

图 12-37　74LS290 构成二十三进制加法计数器

本章小结

①时序电路任何时刻的输出不仅与当时的输入信号有关，而且还和电路原来的状态有关。从电路的组成上来看，时序逻辑电路一定含有存储电路（触发器）。

②时序逻辑电路的功能可以用状态方程、状态转换表、状态转换图或时序图来描述。

③数码寄存器是用触发器的两个稳定状态来存储 0、1 数据，一般具有清零、存数、输出等功能。

④移位寄存器除具有数码寄存器的功能外，还有移位功能。由于移位寄存器中的触发器一定不能存在空翻现象，所以只能由主从结构或边沿触发的触发器组成。移位寄存器还可实现数据的串行 - 并行转换、数据处理等。

⑤计数器是一种非常典型、应用很广的时序电路，不仅能统计输入时钟脉冲的个数，还能用于分频、定时、产生节拍脉冲等。计数器的类型很多，按计数器时钟脉冲引入方式和触发器翻转时序的异同，可分为同步计数器和异步计数器；按计数体制的异同，可分为二进制计数器、二 - 十进制计数器和任意进制计数器；按计数器中数字的变化规律的异同，可分为加法计数器、减法计数器和可逆计数器。

⑥对各种集成寄存器和计数器，应重点掌握它们的逻辑功能，对于内部电路的分析，

则放在次要位置。现在已生产出的集成时序逻辑电路品种很多，可实现的逻辑功能也较强，应在熟悉其功能的基础上加以充分利用。

习　题

1. 基本 RS 触发器，当 $\overline{R}$ 、$\overline{S}$ 都接高电平时，该触发器具有_____功能。

2. D 触发器的特性方程为_____；JK 触发器的特性方程为_____。

3. 按进位体制的不同，计数器可分为_____计数器和_____计数器两类；按计数过程中数字增减趋势的不同，计数器可分为_____计数器、_____计数器和_____计数器。

4. 图中各触发器的初始状态 $Q=0$ ，试画出在 CP 脉冲作用下各触发器 Q 端的电压波形：

5. 图 12-38 所示为用两片中规模集成电路 CT74LS290 组成的计数电路，试分析此电路是多少进制的计数器。

图 12-38　题 5 图

6. 试分析如图 12-39 所示电路的逻辑功能。

图 12-39 题 6 图

7. 分析如图 12-40 所示电路的逻辑功能，画出状态转换图和时序图。

图 12-40 题 7 图

8. 试用 JK 触发器设计一个同步五进制加法计数器，并检查能否自启动。

9. 试用 JK 触发器设计一个同步七进制加法计数器，并检查能否自启动。

10. 试用 D 触发器设计一个同步十二进制加法计数器，并检查能否自启动。

11. 试用 CT74LS290 的异步置零功能构成下列计数器。

（1）二十四进制计数器。

（2）五十进制计数器。

第 13 章　电工电子技术实验

本章主要讲述电工电子技术实验的概述、基本要求和测量，并设计了几种实验，应用到的知识包括直流电路、日光灯及三相交流电路、半导体元件识别与性能测试。集成运放放电路、门电路、组合逻辑电路、触发器和时序逻辑电路等。

13.1　概述

实验是为了认识世界或事物，为了检验某种科学理论或假定而进行的操作或活动。任何科学理论都离不开实验。科学实验是研究自然科学极为重要的环节，也是科学技术得以发展的重要保证。

对于电工电子课程来说，在系统学习了本学科理论知识的基础上，还要加强基本实验技能的训练，实验课即为这种技能训练的重要环节。电工电子实验是工科院校教学过程的基本组成部分，是电工类学科专业学生的主要实验课之一。它属于专业基础实验课，实验质量的高低将直接影响学生实际能力的高低，而实际能力则关系到今后的工作与发展。所以对于实验课应给予足够的重视。

13.1.1　电工电子学实验的基本要求

电工电子学实验课是一门以实验为主的技术基础课程，是高职高专电工电子学课程教学的重要环节。它的主要任务是对学生进行电工电子实验基本技能的训练，培养学生运用所学电工电子学理论知识来分析、解决实际问题的能力、动手能力及初步的电路设计能力，为后续的专业课实验和生产实践打下基础。现按实验过程，提出电工电子学实验的基本要求。

1. 实验前的准备

认真预习实验指导书，了解所做实验的目的、内容、方法与步骤，复习相关的理论知识。对于要自行设计的实验，则必须在实验前先将电路设计好，以便顺利进行实验。

2. 实施实验

①建立实验小组，并合理分工。每次实验以实验小组为单位进行，并注意在各次实验中合理轮换。

②实验开始前，了解本次实验的所有仪器、设备的使用方法。

③按实验电路接好线路，经自查、互查无误后，再请指导教师复查，同意后才能合上电源。

④实验过程中，严格按要求操作，观察现象，记录读数。审查数据，得出真实的结果。

⑤实验内容结束后，应将实验数据或结果交给指导教师审阅，认可后，才算结束。

⑥实验完毕后，应做好扫尾工作，如拆线，放好仪器、设备，整理导线，清洁桌面等，经教师同意后方可离开。

3．实验注意事项

①切实遵守实验室的各项安全操作规程，注重人身和设备安全。做到不擅自接通电源，不触及带电部分，严格遵守先接线后合电源，先断电源后拆线的操作程序。若发现异常现象（如声响、发热、焦臭等）应立即断开电源，保持现场，报告指导教师，等待处理。

②注重仪器仪表设备的使用，严格按其操作规程操作，对不了解性能和用法的设备不得随意使用。同时还要注意设备容量，参数选取应符合实验要求，其工作电压和电流不超过额定值。

③正确接线。根据实验电路的结构特点和要求，选择合理的接线步骤。一般按先串后并，先分后合，先主后辅的原则进行接线。

④正确读数。读数前应弄清仪表的量程及刻度，读数时应注意正确姿势，做到眼、计、影成一线。记录时要求完整清晰，力求表格化。

4．实验报告要求

每次实验完毕后，学生应填写实验报告。实验报告应用实验报告纸填写。首先要填写实验名称、专业、班级、组别、姓名、同组姓名、实验日期等，然后根据实验指导书中的实验报告要求，填写实验报告。要求做到简明扼要，字迹清楚，图表整洁，结论明确。实验波形、曲线一律要画在坐标纸上，且比例要适当，坐标轴上应注明物理量的符号和单位，图下应标明波形、曲线的名称。

13.1.2　测量误差的产生和消除

1．测量误差的产生

在任何测量中，由于各种主观和客观因素的影响，如仪表不准、测量原理不当、测量人员生理习惯等，测量结果不可能完全等于被测参数的实际值，而只是它的近似值，这样就产生了测量误差。把这种测量值与被测量实际值之差叫作测量误差。

2．测量误差的分类

根据测量误差的性质和特征可分为系统误差、偶然误差和疏忽误差。

（1）系统误差

系统误差是由于仪表的不准、不完善、使用不当或测量原理不当，测量方法采用了近似公式以及外界因素如温度、电场、磁场等引起的误差。它遵循一定规律变化或保持不变。按误差产生的原因，系统误差又包括以下三种：

● 基本误差：这是由于仪表在结构上和制造中的缺陷而产生的，是仪表所固有的误差。

● 附加误差：这是由于外界因素的变化（如温度、磁场的变化）、仪表的放置方法不符合规定等而产生的。

● 方法误差：这是由于测量原理不当或测量方法不完善、测量人员生理习惯、采用近似公式等原因而产生的。

（2）偶然误差

偶然误差是由于测量时周围环境的偶发原因造成的，是一种大小和符号都不确定的误差。

（3）疏忽误差

疏忽误差是由于测量中的疏忽引起的。一般表现为测量结果严重偏离被测量的实际值，如读数错误、记录错误、计算错误等。

3．减小或消除误差的方法

测量的目的就是要尽可能求出被测量的实际值，为此必须设法减小或消除测量误差。

（1）减小系统误差的方法

①对仪表进行校正，在测量中引用更正值，减小基本误差。在条件允许情况下，采用高准确度仪表。

②按仪表所规定的条件使用仪表，减小附加误差。

③采用特殊的方法测量，减小方法误差。如采用替代法测量等。

（2）减小偶然误差的方法

减小偶然误差的方法就是把同一测量值进行重复多次测量，最后取其算术平均值作为被测量的值。测量次数越多，偶然误差就越小。

（3）消除疏忽误差的方法

由于疏忽误差有明显的错误，只要测量后对数据进行详细的分析，即可发现。对于疏忽测量的数据应予以抛弃，因为它是不可信的。

13.2 实验

实验一 基尔霍夫定律

一、实验目的

①验证基尔霍夫的电流定律及电压定律。

②学习使用电流表及电压表。

二、实验原理

①第一定律（结点电流定律 KCL）：电路中，任意时刻流入任一个结点的电流恒等于流出这个结点的电流。若规定流入结点的电流为正，流出结点的电流为负值，则：$\sum I = 0$。

②第二定律（回路电压定律 KVL）：沿着任一个闭合回路绕行一周电路中各元件上电压降的代数和恒为零，即：$\sum U = 0$。

说明：在分析和计算电路时，按选定的回路绕行方向列方程，若所得的值为正值时，则表明实际的电流方向和电压方向与图中所标的参考方向一致，若为负值则相反。

三、实验仪器及设备

a. 直流电源一台（J1202）。

b. 干电池一节。

c. 电压表 C19-V 一只。

d. 电流表 C19-mA 三只。

e. 电阻三个。

f. 开关两个。

g. 综合实验板及连接导线若干。

四、实验内容及步骤

图 11-2 中：E1—12V，E2—1.5V

mA1 用 0~250~500mA 表接 250mA 量程。

mA2 用 0~150~300mA 表接 150mA 量程。

mA3 用 0~100~200mA 表接 100mA 量程。

①看懂原理图 13-1 后，按照实验接线图 13-2 将所有实验的仪器仪表及电器元件接到

综合实验板上，请老师检查。

②用双手同时合上 S_1、S_2 开关，观察三个电流表（若指针有反向指示，立即关闭 S_1、S_2，将电流表正负极调换，再重新合上 S_1、S_2）并将三个电流数值记录列入表 13-1 中。

图 13-1　实验原理图　　　　图 13-2　实验接线图

表 13-1　实验一数据表一

各支路电流 /mA		结点电流 ΣI
实验数据	I_1	
	I_2	
	I_3	
计算数据	I_1'	
	I_2'	
	I_3'	

③用电压表的 15V 量程，测量回路各点（元件上电压）的电压值及 E_1、E_2，并记入表 13-2 中。

表 13-2　实验一数据表二

各元件电压	U_{ab} / mV	U_{bc} / mV	U_{bd} / mV	E_1 / mV	E_2 / mV
实验数据 ΣU	回路 I abda				
	回路 II bcdb				

④数据做完经老师检查后，方可整理好实验台。

五、填写实验报告

①用实验测得各支路电流值，计算 "b" 点处 I 为多少，填入表 13-1 中。

②计算各支路电流为多少，并与实验测得的各值进行比较，有无误差，为什么？

③计算各回路压降值的代数是否为零？为什么？

六、注意事项

①测量与计算，记好各电流值的正负值。

②计算过程要有简单的运算过程。

③电源正负极不能短路。

实验二　功率因数提高的实验

一、实验目的

①了解日光灯的组成和工作原理。
②掌握提高功率因的方法及其意义。
③学会使用功率表测功率。

二、实验原理

本次实验所用的负载是日光灯。整个实验电路由灯管、镇流器和启辉器组成。如图13-3（a）所示。镇流器是一个铁心线圈，因此日光灯是一个感性负载，功率因数较低，我们用并联电容的方法可以提高整个电路的功率因数。其电路如图13-3（b）所示。选取适当的电容值使容性电流等于感性的无功电流，从而使整个电路的总电流减小，电路的功率因数将会接近于1。功率因数提高后，不但能使电源容易得到充分利用，还可以降低线路的损耗，从而提高传输效率。

（a）　　　　　　　　　　（b）

图 13-3　实验原理图

日光灯的组成及工作原理。

组成：灯管、启辉器、整流器。

工作原理：日光灯管内壁上涂有荧光物质，管内抽成真空，并允许有少量的水银蒸汽，管的两端各有一个灯丝串联在电路中，灯管的启辉电压在 400～500V 之间，启辉后管降压约为110V左右(40W日光灯的管压降)，所以日光灯不能直接接在220V伏的电压上使用。起辉器相当于一个自动开关，它有两个电极靠的很近，其中一个电极是用双金属片制成，使用电源时，两电极之间会产生放电，双金属片电极热膨胀后，使两电极接通，此时灯丝也被通电加热。当两电极接通后，两电极放电现象消失，双金属片因降温后而收缩，使两极分开。在两极断开的瞬间镇流器将产生很高的自感电压，该自感电压和电源电压一起加到灯管两端，产生紫外线，从而使涂在管壁上的荧光粉发出可见光。当灯管启辉后，镇流器又起着降压限流的作用。

三、实验仪器及设备

a. T21-A 电流表 0~0.5~1A。

b. 40W 日光灯组件一套。

c. 电容箱一个。

d. 功率表 D26-W。

e. 万用表一只。

四、实验内容及步骤

①按图 13-4 接完线后，请老师检查后，方可通电实验。

图 13-4　实验接线图

②接通电源，断开电容，记下此时的 P 及 I 值，并用万用表测量 U 值，记入表 13-3 中。

③接通电容，逐渐增大电容，记下分别为 $1\mu F$、$2\mu F$、$3\mu F$、$4\mu F$、$5\mu F$、$6\mu F$、$8\mu F$、$10\mu F$ 时各个电容上的 I 与 P 值。同样用万用表测量不同电容时的 U_R、U_L、U U_C。

④做完后，数据交老师检查后，方可整理好实验台，离开实验室。

表 13-3　实验二数据表

电 容 值	测　量　值						计算 $\cos\phi$
	U / V	I / A	U_R / Ω	U_L / V	U_C / V	P_W / W	
0							
1							
2							
3							
4							
5							
6							
8							
10							

五、思考题

1. 计算并入及未并入电容时的功率因数，填入表格。

2. 提高功率因数有何意义？

3. 绘制 $I = f(c)$ 曲线，并说明电容并的是否愈多愈好，为什么？

实验三　三相负载星形连接

一、实验目的

①熟悉三相负载作星形连接的方法。

②学习和验证三相负载对称与不对称电路中，相电压、线电压之间的关系。

③了解三相四线制中中线的作用。

图 13-5　实验原理图

二、实验原理

三相负载作星形连接时，如图 13-5 所示。

当三相负载对称或不对称的星形连接有中线时，线电压与相电压均对称，且 $U_{线} = \sqrt{3} U_{相}$。而且 $\overset{\cdot}{U}_{线}$ 超前于 $\overset{\cdot}{U}_{相}$ 30°。

当三相负载不对称又无中线连接时，此时将出现三相电压不平衡、不对称的现象，导致三相不能正常工作，为此必须有中线连接，才能保证三相负载正常工作。

从上述理论中，考虑到三相负载对称与不对称连接又无中线时某相电压升高，影响负载的使用时间，同时考虑到实验的安全，故将三相电压降低到 24V 的相电压做实验。

三、实验仪器及设备

a. 三相负载箱一个。

b. 电流 T15-MA 一只。

c. 万用表 500 型一只。

d. 连接导线不限。

四、实验内容及步骤

①负载箱内部接线如图 13-6 所示。将实验台供电箱的三相电源 A、B、C、O 对应接到负载箱上。再接成星形连接，即 X、Y、Z、O 连接。

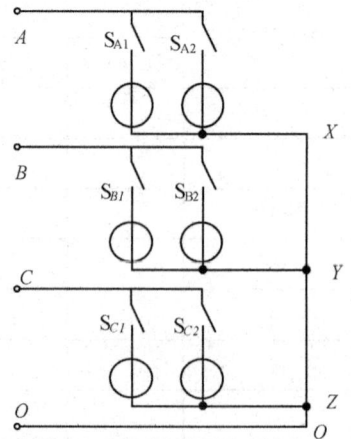

图 13-6　负载箱内部接线图

上供电箱上三相开关，用电流表插头及万用表电压挡进行下列情况的测量。并将数据记入表内。

②负载对称有中线，将三相负载箱上的开关全部打到接通位置。

③负载对称无中线，即断开中线。

④负载不对称有中线，将 A 相的 S_{A1} 开关断开。

⑤负载不对称无中线。

上述数据做完，请老师检查数据后，方可整理好实验台。

表 13-4　实验三数据表

负载接法　　　测量数据		相 电 压			线 电 压			相 电 流			中线电流
		U_A / V	U_B / V	U_C / V	U_{AB} / V	U_{BC} / V	U_{CA} / V	I_A / A	I_B / A	I_C / A	I_O / A
对称负载	有中线										
	无中线										
不对称负载	有中线										
	无中线										

五、填写实验报告

①分析负载不对称又无中线连接时的数据。

②中线有何作用？

六、注意事项

①万用表测量时，一定要打到测电压挡的位置。

②每测一次，改变负载连接方式都要断开电源开关。

实验四　常用半导体元件的识别与性能测试

一、实验目的

①认识常用二极管和三极管的外形特征。

②学会使用万用表判别二极管的极性和三极管的管脚。

③熟悉用万用表判别二极管和三极管的质量。

二、预习要求

1. 预习 PN 结的外加正、反向电压的工作原理和三极管电流放大原理。

2. 预习万用表电阻挡的使用方法。

三、实验原理

1．二极管的外形特征

①二极管共有两根引脚，两根引脚有正、负之分，在使用中两根引脚不能接反，否则会损坏二极管或损坏电路中的其他元件。

②二极管的两根引脚轴向伸出。

③有一部分二极管外壳上标出二极管的电路符号，以便识别二极管的正负极引脚。

2．万用表测试二极管的原理

晶体二极管内部实质上是一个 PN 结。当外加正向电压，也即 P 端电位高于 N 端电位时，二极管导通呈低电阻；当外加反向电压，也即 N 端电位高于 P 端电位时，二极管截止呈高电阻。因此可应用万用表的电阻挡鉴别二极管的极性和判别其质量的好坏。图 13-7 所示为万用表电阻挡的等效电路。由图可知，表外电路的电流方向从万用表负端（-）流向正端（+），即万用表处于电阻挡时，其（-）端为内电源的正极，（+）端为内电源的负极。

图 13-7　万用表电阻挡等效测试电路

由等效电路图可算出电阻挡在 n 倍率下输出的短路电流值。测试时，可由指针偏转角占全量程刻度的百分比 θ（可通过指针所处直流电压刻度位置估算之）估算流经被测元器件的直流电流。可用下式计算：

$$I = \theta$$

在测试小功率二极管时一般使用 $R \times 100\Omega$ 或 $R \times 1\mathrm{k}\Omega$ 挡，不致损坏管子。

3．万用表测试三极管的原理

（1）基极和管型的判断

三极管内部有两个 PN 结，即集电结和发射结，图 13-8（a）所示为 NPN 型三极管。与二极管相似，三极管内的 PN 结同样具有单向导电性。

因此可用万用表电阻挡判别出基极 b 和管型。例如，NPN 型三极管，当用黑表棒接基极 b，用红表棒分别搭试集电极 c 和发射极 e，测的阻值均较小；反之，表棒位置交换后，测的阻值均较大。但在测试时未知电极和管型，因此对三个电极脚要调换测试，直到符合上述测量结果为止。然后，再根据在公共端电极上表棒所代表的电源极性，可判别出基极

b 和管型，如图 13-8（b）所示。

图 13-8　三极管及其电极辨别

（2）集电极和发射极的判别

这可根据三极管的电流放大作用进行判别。如图 13-9 所示的电路，当未接上 R_b 时，无 I_B，则 $I_C = I_{CEO}$ 很小，测得 c、e 间电阻大；当接上 R_b，则有 I_B，而 $I_C = \beta I_B + I_{CEO}$，因此，$I_C$ 显然要增大，测得 c、e 间电阻比未接上 R_b 时小。如果 c、e 调头，三极管成反向运用，则 β 小，无论 R_b 接与不接，c、e 间电阻均较大，因此可判断出 c 和 e 极。例如，测量的管型是 NPN 型，若符合 β 大的情况，则与黑表棒相接的是集电极 c。

图 13-9　用万用表判别三极管 c、e 极

四、实验仪器及设备

a. 万用表一只。

b. 二极管：2AP 型，2CP 型各一只。

c. 三极管：3AX31，3DG6 各一只。

d. 电阻：100 kΩ 一只。

e. 坏的二极管、三极管若干只。

五、实验内容

1. 测试二极管的正、负极性和正、反向电阻

用万用表电阻挡 $R \times 100\Omega$ 或 $R \times 1k\Omega$ 挡，判别二极管的正、负极。

2. 判别三极管的管脚和管型（NPN 型和 PNP 型）

①用万用表电阻挡 $R \times 100\Omega$ 或 $R \times 1k\Omega$ 挡，先判别基极 b 和管型。

②判别出集电极 c 和发射极 e，测定 I_{CEO} 和 β 的大小。

③用万用表测试坏的二极管和三极管，鉴别分析管子质量和损坏情况。

六、实验报告

①将测得数据进行分析整理，填入表 13-5 中。

表 13-5　正、反向电阻测量值

二极管类型	2AP 型	2CP 型		
万用表电阻挡	$R \times 100(\Omega)$	$R \times 1K(\Omega)$	$R \times 100(\Omega)$	$R \times 1K(\Omega)$
正向电阻				
反向电阻				

②根据测量结果，总结出一般晶体二极管正向电阻、反向电阻的范围。

七、思考题

通过实验，你能否回答下列问题？

1. 能否用万用表测量大功率三极管？测量时使用哪一挡，为什么？

2. 为什么用万用表不同电阻挡测二极管的正向（或反向）电阻值时，测得的阻值不同？

3. 用万用表测得的晶体二极管的正、反向电阻是直流电阻还是交流电阻？用万用表 $R \times 10\Omega$ 挡和 $R \times 1k\Omega$ 挡去测量同一个二极管的正向电阻时，所得的结果是否相同？为什么？

4. 我们知道，二极管的反向电阻较大，需用万用表欧姆挡的 $R \times 1k\Omega$ 或 $R \times 10k\Omega$ 挡去测量。有人在测量二极管的反向电阻时，为了使表笔和管脚接触良好，用两手分别把两个接触处捏紧，结果发现管子的反向电阻比实际值小很多，这是为什么？

实验五　单管放大电路分析

一、实验目的

①学习电子电路的连接。

②测量静态工作点并验证静态工作点参数对放大器的工作的影响。

③学会用示波器观察波形并测量放大倍数。

④了解失真情况。

二、预习要求

①练习示波器、万用表、毫伏表的使用。

②认真阅读有关章节，熟悉单级共射放大电路静态工作点的设置方法。

③复习静态工作点对放大电路性能的影响等方面的知识。

三、实验仪器及设备

a. 低频信号发生器一台。

b. 示波器一台。

c. 毫伏表一台。

d. 稳压电源一台。

四、实验内容及步骤

①按图 13-10 所示的共射单管放大电路，连接好电路。

图 13-10　单管共射放大电路

②将直流电源调至 12V，并接入线路中；调节 R_P，使 $U_C = 5 \sim 7\text{V}$，测量 I_{CQ}，U_{BEQ}，记录，填入表 13-6 中。

表 13-6 实验五数据一

U_{CC}/V	$U_C(U_{CEQ})/V$	I_{CQ}/A	U_{BEQ}/V

③调节信号发生器使其输出值为 1kHz，5mV 的正弦波，并接入放大器输入端，用示波器观察放大器电路波形。

④空载情况下，逐步调节信号发生器的大小，使 U_o 为最大不失真波形，用毫伏表测出 U_i 和 U_o 的值，计算 A_u，并记录，填入表 13-7 中。

⑤接入负载，重复③操作，并记录，填入表 13-7 中。

表 13-7 实验五数据二

输入信号频率	是否加负载 R_L	U_I/mV	U_o/mV	A_u
1kHz				

⑥调节可变电阻器的大小，用示波器观察输出波形的失真情况。

五、实验报告

①整理实验测量数据。

②分析静态工作点对放大器性能的影响。

③分析在空载和带负载情况下，放大倍数的改变原因。

实验六　整流、滤波和稳压电路的测试

一、实验目的

①掌握单相半波整流电路工作原理。

②熟悉常用整流和滤波电路的特点。

③了解稳压的工作原理。

二、预习要求

预习整流、滤波和稳压电路工作原理。

三、实验电路及原理

①半波整流、滤波电路。电路如图 13-11 所示，整流器件是二极管，利用二极管单向导电特性，即可把交流电变成直流电，经过半波整流在没有滤波情况下得到 $U_O = 0.45U_2$。

②桥式整流、滤波电路。电路如图 13-12 所示，图中二极管接成桥式电路。在电容滤波电路中：未闭合开关 S，无滤波情况下，$U_o = 0.9U_2$；闭合开关 S，有滤波情况下，$U_o = 1.2U_2$。

③桥式整流、滤波与稳压电路。电路如图 13-13 所示，在桥式整流、滤波的基础上加7809 稳压块。

四、实验内容及步骤

1. 单相半波整流和滤波电路

①按图 13-11 接线，经检查无误后接通 220V 交流电，开关 S 打开时，测输入、输出电压并观察波形。记录测量结果。

②闭合开关 S，测量输出电压，并观察输出波形。并比较 S 打开和闭合的输出电压数值和波形。

③改变滤波电容（增大或减小），重复上述实验内容。

2. 桥式整流和滤波电路

按图 13-12 电路接线，测试内容与半波整流和滤波电路中的内容相同，记录测试数据，并和半波整流、滤波电路的测试数据进行比较。

图 13-11　半波整流、滤波电路　　图 13-12　单相桥式整流、滤波电路原理图

3. 整流、滤波和稳压电路

按图 13-13 电路接线，检查后接通电源，主要测量稳压后的输出电压，并观察波形，记录数据，并和没有稳压时进行比较。

图 13-13　单相桥式整流、滤波、稳压电路原理图

五、实验报告

①整理实验数据，画出三种电路的输出波形。

②根据实验测试结果，总结三种电路特点。

六、思考题

1. 如何选用整流二极管，整流二极管的参数应如何计算？

2. 选用滤波电容时，应注意哪几个方面？

3. 当负载变化时，负载两端的电压是否变化？流过负载上的电流是否变化？

4. 在单相桥式整流电路中，整流二极管的极性接反或虚焊，电路中将会发生什么现象？

实验七　集成逻辑门电路逻辑功能的测试

一、实验目的

①熟悉数字逻辑实验箱的结构、基本功能和使用方法。

②掌握常用非门、与非门、或非门、与或非门、异或门的逻辑功能及其测试方法。

二、实验器材

a. 数字逻辑实验箱 DSB-3 一台。

b. 万用表一只。

c. 元器件：74LS00（T065）、74LS04、74LS55、74LS86 各一块导线若干。

三、实验原理和方法

①数字逻辑实验箱提供 5V 的直流电源供用户使用。

②连接导线时，为了便于区别，最好用不同颜色导线区分电源和地线，一般用红色导线接电源，用黑色导线接地。

③箱操作板部分 $S_0 \sim S_7$ 提供 8 位逻辑电平开关，由 8 个钮子开关组成，开关往上拨时，对应的输出插孔输出高电平"1"，开关往下拨时，输出低电平"0"。

④实验箱操作板部分 $L_0 \sim L_7$ 提供 8 位逻辑电平 LED 显示器，可用于测试门电路逻辑电平的高低，LED 亮表示"1"，灭表示"0"。

四、实验内容和步骤

①测试 74LS04 与非门的逻辑功能

将 74LS04 正确接入面板，注意识别 1 脚位置，按表 13-8 要求输入高、低电平信号，测出相应的输出逻辑电平。

表 13-8　74LS04 逻辑功能测试表

1A	1Y	2A	2Y	3A	3Y	4A	4Y	5A	5Y	6A	6Y
0		0		0		0		0		0	
1		1		1		1		1		1	

②测试 74LS00 四二输入端与非门逻辑功能

将 74LS00 正确接入面包板，注意识别 1 脚位置，按表 13-9 要求输入高、低电平信号，测出相应的输出逻辑电平。

表 13-9　74LS00 逻辑功能测试表

1A	1B	1Y	2A	2B	2Y	3A	3B	3Y	4A	4B	4Y
0	0		0	0		0	0		0	0	
0	1		0	1		0	1		0	1	
1	0		1	0		1	0		1	0	
1	1		1	1		1	1		1	1	

③测试 74LS55 二路四输入与或非门逻辑功能

将 74LS55 正确接入面包板，注意识别 1 脚位置，按表 13-10 要求输入信号，测出相应的输出逻辑电平，填入表中。（表中仅列出供抽验逻辑功能用的部分数据）

表 13-10　74LS55 部分逻辑功能测试表

A	B	C	D	E	F	G	H	Y
0	0	0	0	0	0	0	0	0
0	0	0	0	0	1	1	1	
0	0	0	0	1	0	1	1	
0	0	0	0	1	1	0	1	
0	0	0	0	1	1	1	0	
0	0	0	0	1	1	1	1	
1	1	1	1	0	0	0	0	
1	0	1	1	0	1	1	0	
1	1	1	1	1	1	1	1	

④测试 74LS86 四异或门逻辑功能

将 74LS86 正确接入面包板，注意识别 1 脚位置，按表 13-11 要求输入信号，测出相应的输出逻辑电平。

表 13-11　74LS86 逻辑功能测试表

1A	1B	1Y	2A	2B	2Y	3A	3B	3Y	4A	4B	4Y
0	0		0	0		0	0		0	0	
0	1		0	1		0	1		0	1	
1	0		1	0		1	0		1	0	
1	1		1	1		1	1		1	1	

注意： 本器件的逻辑功能表达式应为 Y-EFGH ABCD，请与实测值相比较。

五、实验报告要求

①整理实验结果，填入相应表格中，并写出逻辑表达式。
②小结实验心得体会。

六、回答思考题

若测试 74LS55 的全部数据，所列测试表应有多少种输入取值组合？

实验八　数据选择器

一、实验目的

①掌握 MSI 组合逻辑电路数据选择器的实验分析方法。
②了解中规模集成八选一数据选择器 74LS151 的应用。

二、实验仪器及设备

a. 数字逻辑实验箱 DSB-3 一台。
b. 万用表一只。
c. 元器件：74LS00（T065）、74LS04 各一块，74LS20（T063）、74LS151 各一块，导线若干。

三、实验内容及步骤

①利用数字逻辑实验箱测试 74LS151 八选一数据选择器的逻辑功能，并记录实验数据。请在预习时自行拟出实验步骤，列出表述其功能的功能表，要包括所有输入端的功能。
②灯有红、黄、绿三色。只有当其中一只亮时为正常，其余状态均为故障。试设计一个交通灯故障报警电路。要求用 74LS151 及辅助门电路实现，设计出逻辑电路图，拟出实验步骤，接线并检查电路的逻辑功能，列出表述其功能的真值表，记录实验数据。

③有一密码电子锁，锁上有四个锁孔 A、B、C、D，当按下 A 和 D，或 A 和 C，或 B 和 D 时，再插入钥匙，锁即打开。若按错了键孔，当插入钥匙时，锁打不开，并发出报警信号。要求用 74LS151 及辅助门电路实现，设计出逻辑电路图，拟出实验步骤，接线并检查电路的逻辑功能，列出表述其功能的真值表，记录实验数据。

注意：可选作步骤 2 或 3 中的任一个。若 S 端悬空，会怎样？请测试。

四、实验报告要求

①列出具体实验步骤，整理实验测试结果，说明 74LS151 八选一的功能。

②列出具体实验步骤，画出用 74LS151 及辅助门电路构成的设计电路图，列出真值表，求出逻辑表达式。若 S 端悬空，结果如何？

实验九　计数、译码、显示综合实验

一、实验目的

①熟悉中规模集成电路计数器的功能及应用。
②熟悉中规模集成电路译码器的功能及应用。
③熟悉 LED 数码管及其驱动电路的工作原理。
④初步学会综合安装调试的方法。

二、实验器材

a. 数字逻辑实验箱 DSB-3 一台。

b. 万用表一只。

c. 元器件：74LS90 2 一块，74LS49（或 74LS249）一块，共阴型 LED 数码管一块、导线若干。

三、实验内容及步骤

用集成计数器 74LS90 分别组成 8421 码十进制和六进制计数器，然后连接成一个六 - 十进制计数器（六进制为高位、十进制为低位）。其中十进制计数器用实验箱上的 LED 译码显示电路显示（注意高低位顺序及最高位的处理），六进制计数器由自行设计、安装的译码器、数码管电路显示，这样组成一个六 - 十进制的计数、译码、显示电路。用实验箱上的低频连续脉冲作为计数器的计数脉冲，通过数码管观察计数、译码、显示电路的功能是否正确。建议：每一小部分电路安装完后，先测试其功能是否正确，正确后再与其他电路相连。

四、实验报告要求

①画出六 - 十进制计数、译码、显示的逻辑电路图。

②说明实验步骤。

③简要说明数码管自动计数显示的情况。（可列省略中间某些计数状态的计数状态顺序表说明）

④根据实验中的体会，说明综合安装调试较复杂中小规模数字集成电路的方法。

五、回答思考题

1．共阴极、共阳极 LED 数码管应分别配用何种输出方式的译码器？

2．该如何确定数码管驱动电路中的限流电阻值？

3．如果六 - 十进制计数器采用高位接十进制、低位接六进制的方式，计数顺序又如何？

附 录

一、中国半导体器件型号组成的符号及其意义

第一部分		第二部分		第三部分		第四部分	第五部分
用阿拉伯数字表示器件的电极数目		用汉语拼音字母表示器件的材料和类别		用汉语拼音字母表示器件的类别		用阿拉伯数字表示序号	用汉语拼音字母表示规格号
符号	意义	符号	意义	符号	意义		
2	二极管	A	N 型 锗材料	P	普通管		
3	三极管	B	P 型 锗材料	V	微波管		
		C	N 型 硅材料	W	稳压管		
		D	P 型 硅材料	C	参量管		
		A	PNP 型 锗材料	Z	整流管		
		B	NPN 型 锗材料	L	整流堆		
		C	PNP 型 硅材料	S	隧道管		
		D	NPN 型 硅材料	N	阻尼管		
		E	其他材料	V	光电器件		
				K	开关管		
				X	低频小功率管 $(f_a < 3MHz, \ Pc < 1W)$		
				G	高频小功率管 $(f_a \geqslant 3MHz, \ Pc < 1W)$		
				D	低频大功率管 $(f_a < 3MHz, \ Pc \geqslant 1W)$		
				A	高频大功率管 $(f_a \geqslant 3MHz, \ Pc \geqslant 1W)$		
				I	可控整流器		
				Y	体效应器件		
				B	血崩管		
				J	阶跃恢复管		
				CS	场效应管		
				BT	特殊器件		
				FH	复合管		
				PIN	PIN 管		
				JG	激光器件		

二、中国半导体集成电路型号命名方法

第一部分		第二部分		第三部分	第四部分		第五部分	
用字母表示器件符号国家标准		用字母表示器件的类型		用阿拉伯数字和字符表示器件的系列和品种代号	用字母表示器件的工作温度范围		用字母表示器件的封装	
符号	意义	符号	意义	TTL 分为:	符号	意义（摄氏度）	符号	意义
C	中国制造	T	TTL 电路	54/74×××①	D	0~70	F	多层陶瓷扁平封装
		H	HTL 电路	54/74H×××②	G	-25~70	B	塑料扁平封装
		E	ECL 电路	54/74L×××③	L	-25~85	H	黑瓷扁平封装
		C	CMOS 电路	54/74S×××	E	-40~85	D	多层陶瓷双列直插黑瓷双列直插封装
		M	存储器	54/74LS×××④	R	-55~85	J	塑料双列直插封装
		U	微型机电路	54/74AS×××	M	-55~125	P	塑料单列直插封装
		F	线性放大电路	54/74ALS×××			S	金属菱形封装
		W	稳定器	54/74F×××			K	金属圆形封装
		B	非线性电路	CMOS 为:			T	陶瓷芯片载体封装
		J	接口电路	4000 系列			C	塑料芯片载体封装
		AD	A/D 转换器	54/74HC×××			E	网格针栏陈列封装
		DA	D/A 转换器	54/74HCT×××			G	
		D	音响、电视电路				SOIC	小引线封装
		SC	通信专用电路				PCC	塑料芯片载体封装
		SS	敏感电路				LCC	陶瓷芯片载体封装
		SW	钟表电路					
		SJ	机电仪电路					
		SF	复印机电路					
		…						

参考文献

[1] 林平勇，高嵩．电工电子技术 [M]．北京：高等教育出版社，2000．

[2] 江甦．电工与工业电子学 [M]．西安：西安电子科技大学出版社，2002．

[3] 苏丽萍．电子技术基础 [M]．西安：西安电子科技大学出版社，2002．

[4] 牛百齐，王永东，马东．电工电子技术基础与应用 [M]．北京：机械工业出版社，2015．

[5] 王金花．电工技术 [M]．北京：人民邮电出版社，2013．

[6] 杨红．电工及电气测量技术 [M]．北京：机械工业出版社，2013．

[7] 曾令琴．电子技术基础 [M]．第三版．大连：大连理工大学出版社，2010．

[8] 黄美兴，朱承．电子技术 [M]．南京：南京大学出版社，2013．

[9] 杨静生，邢迎春．电工电子技术基础 [M]．第三版．大连：大连理工大学出版社，2006．

[10] 张钢．电子技术基础 [M]．北京：中国铁道出版社，2013．

[11] 江晓安．模拟电子技术 [M]．西安：西安电子科技大学出版社，2000．

[12] 刘海江，吴万国．数字电子技术 [M] 第二版．北京：中国铁道出版社，2011．

[13] 韩学政．电工电子技术基础 [M]．北京：清华大学出版社，2009．

[14] 顿秋芝．电工电子技术 [M]．哈尔滨：哈尔滨工业大学出版社，2011．